ENCYCLOPÉDIE-RORET.

NOUVEAU MANUEL

DE

MENUISERIE

SIMPLIFIÉE.

MANUELS-RORET.

NOUVEAU MANUEL

DE

MENUISERIE

SIMPLIFIÉE

CONTENANT

DES DÉTAILS SUR TOUTES LES PARTIES
DE LA MENUISERIE DU BATIMENT, LA FABRICATION
ET L'EMPLOI DES OUTILS.

OUVRAGE UTILE AUX APPRENTIS ET AUX AMATEURS
ET ORNÉ DE FIGURES.

Par M. L. **BOUZIQUE**, MENUISIER-MODELEUR
ET M. E. R.

PARIS
A LA LIBRAIRIE ENCYCLOPÉDIQUE DE RORET,
RUE HAUTEFEUILLE, 12.
1857.

AVIS.

PRÉFACE.

En publiant ce petit livre, je n'ai d'autre ambition que d'être utile à mes jeunes collègues et aux amateurs qui prennent plaisir à s'occuper de menuiserie. Il ne dépendra pas de moi que mes explications ne soient claires et faciles à saisir, car, c'est surtout à l'intelligence des jeunes apprentis que je m'adresse ; c'est pour eux surtout que j'ai entrepris ce travail, trop heureux si je pouvais ainsi abréger la durée d'un apprentissage toujours trop long et par conséquent toujours pénible et ennuyeux. En effet, l'apprentissage commence à l'âge des illusions, à cet âge où volontiers on se croit homme, tandis qu'on n'est encore qu'un enfant, où déjà l'on éprouve bien des désirs que le défaut d'argent empêche de satisfaire. L'apprenti a donc hâte de devenir ouvrier. Il appelle de tous ses vœux le jour où par son travail, le fruit de ses labeurs, il lui sera permis de contenter les désirs dont je parlais tout-à-l'heure, et d'autres plus saints que je pourrais appeler des devoirs, devoirs de famille, toujours chers au cœur bien né. Ce sont donc les apprentis en général, mais plus particulièrement ceux qui veulent venir en aide à leurs parents, que j'engage à bien se pénétrer des instructions que contient ce livre, afin d'acquérir vite les connaissances qui font l'ouvrier capable et intelligent.

Mais, pour être utile et à la portée de tous, il ne faut pas seulement que mon livre renferme des explications claires et précises, il faut aussi et surtout qu'il soit bon marché, en autres termes, qu'il soit vendu à bas prix, pour que toute personne, dans quelque position qu'elle soit, qui désirerait apprendre à travailler le bois, puisse se le procurer et le connaître. Si donc je remplis ces deux conditions essentielles, j'aurai atteint le but de tous mes efforts.

Maintenant, qu'il me soit permis d'exprimer ici un simple vœu, aussi ardent que sincère. Si, un jour, je voyais mon livre accepté, répandu, admis dans les écoles primaires, je serais véritablement heureux; car il serait entre les mains de la jeunesse à laquelle j'aurais été utile, j'en ai la confiance. Nos premières impressions ne sont-elles pas les seules solides et les seules durables!

PLAN DE L'OUVRAGE.

J'ai suivi dans cet ouvrage la méthode dont on se sert dans les ateliers. Ce petit livre étant particulièrement destiné aux apprentis, j'ai cru convenable de les instruire d'une manière pratique en les faisant passer d'un travail facile à un travail plus difficile.

La première partie contient le travail de la menuiserie proprement dit; la seconde, le détail et la fabrication des outils. Afin que mes lecteurs sachent quels outils ils devront employer dans la première partie, sans recourir à la seconde déjà plus compliquée, je donne ici la nomenclature des principaux outils du menuisier, en indiquant à quoi ils servent. De cette manière, mes lecteurs pourront entrer de suite en matière, et le travail leur paraîtra plus facile, puisqu'ils auront déjà acquis des connaissances dans les sciences qu'ils se proposent d'étudier.

Je renvoie pour les différentes sortes de bois ainsi

que pour tous les détails que je n'aurais pu mettre dans cet ouvrage élémentaire, sans embarrasser les enfants et les apprentis, au *Nouveau Manuel complet* du *Menuisier*, de l'*Ébéniste*, du *Layetier*, du *Marqueteur* et du *Sculpteur*, par M. Nosban, 2 vol. in-18, avec figures, prix : 7 fr., faisant partie de l'*Encyclopédie-Roret*.

PRÉLIMINAIRES.

NOMENCLATURE ET USAGES DES PRINCIPAUX OUTILS DU MENUISIER.

L'*établi* sert à faire toutes sortes de travaux de menuiserie, charpente, charronnage, etc.

Le *valet* sert à tenir en respect ce qu'on veut travailler sur l'établi.

Le *maillet* sert à frapper sur le valet pour mortaiser et bucher (c'est-à-dire enlever le bois grossièrement) au ciseau et à la gouge.

Le *marteau* sert à clouer les pointes et à mettre en fût, c'est-à-dire à emmancher les outils.

Les *varlopes* servent à corroyer le bois, dresser les planches et les blanchir.

Le *rabot* sert à affleurer les joints et replanir toute sorte de menuiserie.

Le *guillaume de fil* sert à faire toute sorte de feuillures.

Le *guillaume de bout* sert à finir proprement ce que le guillaume de fil a commencé.

Le *guillaume de côté* sert à agrandir les élégissements ou rainures, où ne peuvent entrer les autres outils.

Le *guillaume à queue* sert à faire les entailles de barres à queue ou les coulisses de tables à rallonges.

Le *guillaume à plate-bande* sert à pousser des plates-bandes sur les rives des panneaux de portes, lambris, etc.

L'*équerre à corroyer* sert à mettre les bois d'équerre quand on les travaille à la varlope.

L'*équerre-triangle* sert à tracer tout ce qui est carré.

L'*équerre-onglet* sert pour les coupes qui doivent se raccorder d'équerre, telles que cadres, chambranles, corniches et toute espèce de moulures.

La *fausse-équerre*, ou *sauterelle*, sert à tracer et à prendre toute sorte de fausse coupe.

Les *bouvets de deux pièces* servent à pousser les rainures, les feuillures, les noix, les gueules-de-loup aux croisées, et enfin à tous les usages des outils que l'on monte dessus.

Les *bouvets à joindre* (simples et doubles) servent à faire des rainures et des languettes, afin de faire tenir les planches entre elles.

Les *bouvets à rembréver* servent à réunir une partie faible avec une partie forte ; telles que les battants de côte des croisées, les panneaux à table saillante des portes et devantures de boutiques, les cadres, etc.

Les *mouchettes* servent à faire les arrondis que l'on nomme boudins.

Le *rabot rond* sert à faire les gorges et les cannelures.

Le *rabot cintré* sert à raboter les parties cintrées de toute espèce.

Le *ciseau* sert à faire les coupes plates.

La *gouge* sert à faire les coupes creuses.

Le *bec-d'âne* sert à faire les mortaises.

Les *trusquins* servent à tirer les bois de largeur et d'épaisseur, et à tracer les tenons et les mortaises.

Le *vilebrequin* sert à percer des trous avec des *mèches anglaises* et des *mèches à cuillère*.

Les *serre-joints* ou *sergents* servent à cheviller et à coller toute espèce de menuiserie et d'ébénisterie.

Les *scies* servent à débiter, abattre les tenons, refendre, chantourner et araser.

NOUVEAU MANUEL

DE

MENUISERIE

SIMPLIFIÉE.

PREMIÈRE PARTIE.

CHAPITRE PREMIER.

Manière de faire les chevilles et de les employer (fig. 1, 1*a* et 1*b*).

Le chevilles dont on se sert en menuiserie doivent toujours être faites en bon chêne, bien de fil, c'est-à-dire fendant droit. Leur longueur doit être double de l'épaisseur de la pièce qu'on veut cheviller, afin de pouvoir les entrer de force dans les trous préparés. On fend le bois qui sert à les faire, suivant la grosseur de la mèche, et de manière à pouvoir les finir convenablement au rabot. Remarquez bien surtout que les chevilles doivent être un peu plus larges qu'épaisses, car lorsquelles sont carrées, elles ont l'inconvénient de faire fendre l'ouvrage; en outre, il est nécessaire de mettre toujours la partie la plus large sur le fil du bois afin que la résistance se fasse sur le bois de bout.

Il est important de placer les chevilles en biais, de la manière indiquée dans la figure 5, sans quoi on risquerait à faire fendre le bois.

CHAPITRE II.

Manière de travailler le bois.

§ 1. MORCEAU DE BOIS CARRÉ (fig. 2 et 2*a*).

Pour faire un morceau de bois carré, on commence par en *dresser* la première face, c'est-à-dire la rendre droite en ayant soin de bien la *dégauchir*. Pour voir si ce bois *a du gauche*, c'est-à dire si un angle est plus haut qu'un autre, on le prend à deux mains et le tient obliquement, soit en long, soit en large, sur l'établi, selon le jour ; on ferme un œil et on regarde d'angle en angle pour s'assurer que l'un ne lève pas plus que l'autre. Quand on a de cette manière la certitude que l'on *est droit*, ou que le bois est dégauchi, on dresse la seconde face et on présente son équerre jusqu'à ce qu'on l'ait ajustée d'un bout à l'autre. Il n'y a plus besoin alors de savoir si le bois est gauche, le premier côté suffit pour tous les autres; c'est assez qu'on ait une équerre bien juste et qu'on mette son bois bien d'équerre. On ajuste ensuite un outil que l'on nomme *trusquin* (fig. 74) à la grosseur voulue en desserrant d'abord et en resserrant après la clef qui s'y trouve, on le passe sur les deux faces qu'on veut atteindre, puis, les traits obtenus, on fait de même pour le quatrième et dernier côté, sans déranger le trusquin, bien entendu, et le morceau de bois se trouve d'un carré parfait.

§ 2. MORCEAU DE BOIS CARRÉ LONG OU RECTANGLE (fig. 3, 3*a* et 3*b*).

Ce morceau doit être travaillé de la même manière que le précédent; seulement, après avoir obtenu la première et la seconde face, on prend deux trusquins qu'on ajuste bien, l'un pour la largeur et l'autre pour l'épaisseur, et on tire son morceau de largeur, puis d'épaisseur. Dans cette double opération, il faut surtout s'attacher à obtenir les traits bien justes.

§ 3. MORCEAU DE BOIS A HUIT PANS OU OCTOGONE; MORCEAU CYLINDRIQUE (fig. 4).

On commence par travailler ce bois de la manière indiquée au paragraphe 1er, puis prenant une *équerre-triangle,* on fait un premier trait A sur le morceau avec la pointe à tracer et on en connaît la largeur au moyen du compas; reprenant alors son équerre, on fait un second trait B pareil au premier. Après cela, on tire une ligne d'angle en angle C, et le compas étant ajusté suivant la largeur des deux premiers traits A, B, on en appuie une des pointes sur le trait d'angle à la *rive,* c'est-à-dire au bord d'une des surfaces, et en pointe l'autre sur cette ligne en D. La distance entre ce point et l'arête du morceau de bois est l'endroit où on doit ajuster le trusquin pour le passer sur toutes les faces. Si on atteint juste les traits, on a obtenu un huit pans parfait.

Si on veut avoir un morceau de bois cylindrique, on n'a qu'à le mettre à seize pans en suivant la méthode susindiquée, puis à abattre les petites côtes qui restent, et on aura un morceau aussi rond que s'il était fait sur un tour.

Il serait inutile de s'étendre davantage sur ces principes, qui sont les mêmes pour toute espèce d'ouvrage, à l'exception toutefois des fausses coupes qu'on obtient par un tracé. Il n'en existe pas de difficiles pour quiconque s'est bien pénétré du dessin. Le dessin que chacun devrait connaître, et que ceux de mes lecteurs qui l'ignorent devraient étudier, le dessin, dis-je, est d'absolue nécessité pour celui qui tient à honneur de devenir un ouvrier intelligent et capable. Je crois donc donner un bon conseil en engageant mes lecteurs à se bien pénétrer de cette science.

CHAPITRE III.

Manière de faire un devant de cheminée et de repérer (1) son bois (fig. 5, 5*a* et 5*b*).

La première pièce que l'on donne à exécuter aux apprentis est un devant de cheminée (fig. 5). Pour le faire, il faut quatre montants : deux extérieurs qu'on nomme *montants de rive* F, F', et deux intérieurs qu'on nomme *montants de croisillon* G G', ceux-ci sont plus petits; plus trois traverses, une dans le haut H, une dans le milieu H' et une dans le bas H''. Après avoir établi ces pièces, on met les deux montants de rive l'un près de l'autre sur champ (2). Les montants réunis, on prend son compas et son équerre, on fait un premier trait à une des extrémités sur les deux montants de rive, puis un second à l'autre extrémité dans toute la longueur du montant, suivant la mesure indiquée; après quoi, on prend la largeur du milieu des traverses et on la reporte sur les traits d'extré-

(1) On appelle repérer son bois, l'établir pour le tracer.

(2) Toute espèce d'ouvrage doit être tracé sur champ et non à plat. En outre, pour tracer, on doit avoir soin de mettre son bois bien en rapport avec ses établissements, le haut avec le haut, le bas avec le bas, et bien en regard les uns des autres.

mité. On cherche ensuite avec son compas le point milieu entre les deux traverses. Ce point trouvé, on partage la traverse du milieu en deux parties égales qu'on reporte de chaque côté du point de centre sur les montants, afin d'avoir la largeur de la mortaise. On procède ainsi pour tracer toutes les traverses, et, ceci fait, on place à leur centre les deux petits montants de croisillon.

Comme on le voit dans la figure 5, on se sert de certains signes, tracés à la craie ou à la pierre noire, pour assembler les diverses parties d'une pièce. En voici l'explication :

A, A', établissements des montants.
B, montant du milieu haut.
B', montant du milieu bas.
C, traverse du haut.
D, traverse du milieu.
E, traverse du bas.

Observations.

Avant de terminer ce chapitre, je crois utile d[e] donner les explications suivantes :

1° *Relativement aux mortaises.* — Dans toute es[-]pèce de menuiserie, sauf dans le chêne poli, on peu[t] sans crainte faire traverser les mortaises du haut e[t] du bas, mais il n'en est pas de même pour la traverse du milieu; les battants ou montants cassant presque toujours, parce qu'on les a trop affaiblis, il faut éviter de faire percer les mortaises.

2° *Relativement aux deux montants de rive.* — Quand on trace des montants de cheminée, portes, croisées ou persiennes, il ne faut pas oublier de laisser un *épaulement* I, dans le haut et dans le bas, afin de ne pas couper tout le battant. On entend par épaulement la partie de la largeur de la traverse qu'on enlève avant de faire entrer le tenon K dans sa mortaise ; il doit toujours être du tiers de la largeur. Dans la figure 5, la place du tenon est ponctuée sur les montants.

Quand ces traverses sont arasées, on abat ces épaulements, c'est-à-dire qu'on prend la largeur de la mortaise et qu'on coupe son tenon juste à sa largeur.

3° Quand le trusquin est ajusté au milieu de l'épaisseur du bois, il faut le passer à tous les endroits indiqués pour les tenons et mortaises, faire ensuite les mortaises les premières, puis les tenons, araser, faire sauter l'épaulement et emmancher, ayant bien soin de mettre les établissements parfaitement en regard les uns des autres. Il ne reste plus alors qu'à cheviller, à affleurer et à ajuster.

CHAPITRE IV.

Des Mortaises.

Avant d'entrer en matière, je dois dire une fois pour toutes que les bons outils, les outils en bon état, sont indispensables même au bon ouvrier et sont la condition essentielle du bon travail.

Pour faire les mortaises, après avoir préparé son bec-d'âne qu'on prend de la main gauche, tenant son maillet de la main droite, on le porte au commencement de la mortaise, de manière qu'il soit d'aplomb suivant la ligne verticale et penché horizontalement sur soi, ce qui facilite la sortie du copeau. Dans cette position, on donne un fort coup de maillet, puis on porte le bec-d'âne un peu plus loin, afin de creuser la mortaise. Etant descendu à la profondeur voulue, on le retourne de l'autre sens pour creuser la mortaise à une profondeur égale; il est bon de remarquer ici que pour commencer une mortaise, le biseau du bec-d'âne est par-derrière, tandis qu'en la finissant il se trouve par-devant.

Afin de ne pas trop se fatiguer, il faut, en commençant la mortaise, donner au bec-d'âne un mouvement le va-et-vient pour éviter que l'outil ne soit serré dans le bois.

J'ai parlé tout-à-l'heure de ligne verticale et de ligne horizontale ; je m'explique. Du moment qu'on commence la mortaise jusqu'à ce qu'elle soit à sa profondeur, on tient son outil un peu penché sur soi (horizontalement), et dès qu'on est entré assez profondément, on l'ajuste sur le trait qu'on coupe droit et d'aplomb (verticalement) ; c'est alors qu'on le retourne jusqu'à ce qu'on soit arrivé à l'autre trait qu'on doit atteindre juste et bien d'aplomb, comme le premier.

Si la mortaise ne traverse pas, il est essentiel d'enlever les copeaux avant de prendre le second trait, attendu qu'en le faisant plus tard on évaserait les mortaises, ce qui est très-malpropre ; pour celles qui traversent, cet inconvénient n'existe pas.

CHAPITRE V.

Des Tenons et moyen de les araser.

Pour faire les tenons sous le valet, on prend son morceau qu'on pose en biais sur l'établi en le laissant dépasser un peu plus que la longueur du tenon qu'on a à scier ; on prend alors une cale que l'on place entre le morceau et le valet pour éviter de détériorer le bois ; on serre le valet par quelques coups de maillet pour le faire bien tenir, et on engage la scie près des traits indiqués par le trusquin d'assemblage dans le bas, puis dans le haut, jusqu'à ce qu'on ait atteint le trait qui indique la longueur du tenon. On retourne alors le bois et on pratique la même opération afin d'arriver en même temps en-dessus et en-dessous. D'après cette méthode, lorsqu'on a des traverses de même longueur, on peut faire plusieurs tenons à la fois, en prenant une cale plus longue, afin de maintenir ensemble tous les morceaux.

On fait aussi les tenons à la presse. Mais lorsqu'on se sert de cet outil, on a soin de l'écarter autant du bas que du haut, afin d'éviter de casser les filets, ce qui fait un meilleur serrage. Par ce moyen, il est possible de finir ses tenons en une seule fois. Quand on met son ou ses morceaux dans la presse, on les laisse dépasser un peu plus que la longueur du tenon, on engage sa scie en suivant bien exactement le trait des deux côtés jusqu'à ce qu'on ait atteint ses traits de profondeur, et ainsi pour tous.

L'arasement est bien simple ; il suffit pour cela d'apporter les morceaux contre le valet et de donner le coup de scie suivant les traits.

CHAPITRE VI.

Des différents Assemblages de la menuiserie et de l'ébénisterie.

On appelle assemblage la manière dont différentes pièces de bois sont unies entre elles et dont elles s'emboîtent les unes dans les autres. Cette opération est une des plus importantes de la menuiserie, car de sa perfection dépendent la solidité et l'élégance du travail. Il y a plusieurs sortes d'assemblages qu'on doit connaître pour les employer à propos.

§ 1. ASSEMBLAGE A RAINURE ET A LANGUETTE (fig. 6 et 6 *a*).

Cet assemblage sert à réunir les planches qui composent une partie pleine les unes avec les autres. Il se fait au moyen des bouvets à joindre.

§ 2. ASSEMBLAGE A CLEFS (fig. 7 et 7 *a*).

Cet assemblage se fait en creusant des mortaises A dans l'intérieur de deux planches, bien en face l'une de l'autre et en y introduisant une lame en bois dur ou *clef* B, qui les remplit en longueur, largeur et épaisseur. On emmanche d'abord cette lame dans une des planches, on les réunit ensuite, on les serre et on les cheville.

Voir pour plus de détails pour les §§ 1 et 2, le chapitre VII, traitant des portes pleines.

§ 3. ASSEMBLAGE CARRÉ (fig. 8 et 8 *a*).

On fait cet assemblage par des mortaises et des tenons égaux en grandeur sur les quatre faces, comme les tiges de trusquins et de bouvets de deux pièces. Il sert rarement.

§ 4. ASSEMBLAGE A MOITIÉ BOIS OU A FEUILLURE (fig. 9 et 9 *a*).

Cet assemblage sert à rallonger les bois de fil et les planches en les fixant les unes au bout des autres. On commence par corroyer de largeur et d'épaisseur les planches nécessaires et on les établit par des lettres ou par des chiffres ; on trace les bouts AB à couper d'équerre et on tire un trait CD suivant la longueur de l'arasement C'D', qui doit toujours être de 7 à 8 centimètres. On ajuste un trusquin à pointe au milieu de l'épaisseur E et on le passe au bout et sur les côtés de C' en D'. On donne ensuite, suivant ces traits, des coups de scie en ayant soin de laisser la ligne du trait à la joue restante et de prendre l'épaisseur du trait de scie sur la joue qui doit être arasée. Par ce moyen, on peut rallonger des planches à l'infini.

§ 5. ASSEMBLAGE A MOITIÉ BOIS D'ÉQUERRE ET D'ONGLET (fig. 10 et 10 *a*).

On emploie cet assemblage pour les châssis de théâtre, les cadres, les châssis de devant de cheminée, enfin pour tout ce qu'on veut faire bien et vite. Il peut remplacer l'assemblage à tenons et à mortaises. La manière de le faire est bien simple : on ajuste et on passe le trusquin à pointe au milieu de l'épaisseur AB sur le côté parement où doivent être les établissements. On donne les coups de scie de la manière suivante : pour les battants C, on laisse le trait à la joue de derrière D, afin d'araser sur le devant, suivant le trait d'onglet EF ; pour les traverses H, on laisse, au contraire, le trait à la joue de devant G, puis on arase le bout d'onglet EF sur le devant, et d'équerre FI sur le derrière. Il en est de même pour ceux qui se coupent carrément FI et FJ ; ils ne diffèrent que parce qu'ils n'ont pas de coupe d'onglet. Ils se font par des coups de scie et peuvent se clouer ou se coller à volonté.

§ 6. ASSEMBLAGE D'ONGLET (fig. 11 et 11 *a*).

Cet assemblage, un des plus solides de la menuiserie, sert particulièrement aux cadres à moulures pour glaces, aux chambranles de portes, aux encadrements de dessus de comptoirs, aux tables à dessin, et enfin à assembler d'équerre toute espèce de menuiserie possédant un corps de moulure quelconque. Pour les cadres, les chambranles et encadrements de dessus de tables, il se fait d'onglet dans toute sa largeur; pour réunir ou raccorder des moulures de portes ou de croisées, on se contente de ravancer l'onglet suivant la largeur du corps de moulure dont on veut se servir. Quand on a des moulures des deux côtés, on est obligé de couper d'onglet partout.

Voici comme on s'y prend pour le faire : on trace les coupes, suivant les mesures indiquées au plan, avec l'équerre onglet. Quand ce tracé est fait, on coupe le battant A d'onglet, afin de tracer et de faire les mortaises B, puis on fait les tenons C et on les arase suivant les traits D E. Ici une observation : quand on ajuste le trusquin d'assemblage pour tracer la place des mortaises, toutes les fois qu'il y a des moulures, on doit faire attention qu'il reste au moins 4 millimètres de joue du fond de la moulure à la rive de la mortaise. Quelquefois on est obligé, par le manque l'épaisseur du bois, de laisser moins de 4 millimètres. Dans ce cas, on ajuste une tringle de bois pour faire point d'arrêt à la moulure, afin de l'empêcher de descendre trop bas, ce qui gâterait l'ouvrage.

Pour les ouvrages de menuiserie qui n'ont des moulures que d'un seul côté, on fait l'assemblage de la manière suivante : on le trace sur le battant, d'après les mesures, d'onglet sur le devant de D en E et carrément sur le derrière de D en F. On passe le trusquin d'assemblage dans les bouts de G en E (et de E en F), afin de donner un coup de scie suivant la joue de derrière de la mortaise DF et à la profondeur de l'onglet qu'on arase après, suivant le trait DE. Ensuite on perce la mortaise B. Sur la traverse, on passe le trusquin afin d'indiquer la place du tenon C; on donne des coups de scie suivant l'onglet DE sur le devant et jusqu'à l'arasement d'équerre DF sur le derrière; puis, on arase suivant les traits DE et DF. Enfin, on fait sauter les épaulements H et on emmanche.

§ 7. ASSEMBLAGE ORDINAIRE A TENON ET MORTAISE (fig. 12 et 12 *a*).

On se sert de cet assemblage pour toute espèce de menuiserie, d'ébénisterie et de charpente. Quand on veut faire un ouvrage quelconque, se composant de battants A et de traverses B, on commence par tracer la longueur totale des battants et on marque par des traits C D la place des traverses. On trace ensuite les traverses de longueur et on fait un trait CE à chaque bout, suivant la largeur des battants, ce qui donne la longueur des tenons F. On ajuste alors le trusquin d'assemblage afin de tracer la forme des tenons et des mortaises G et on fait celles-ci d'abord et les tenons ensuite. On doit laisser aux mortaises un épaulement H (1), afin de ne pas couper le battant jusqu'au bout, ce qui ferait un enfourchement au lieu d'une mortaise. Ceci fait, on pousse les rainures, les feuillures ou les moulures, suivant le besoin du travail; puis on arase les tenons de C en E et on fait sauter les épaule-

(1) Je ne parle pas de l'épaulement des traverses qui existe au bas des meubles, vu que les pieds dépassent toujours la traverse. Cela permet de faire la mortaise de toute sa largeur, sauf quelquefois à déduire la profondeur de la rainure du panneau, ce qui rétrécit le tenon. C'est ce qu'on appelle en terme d'atelier ravancer une barbe.

ments de I en J, en ayant soin de laisser la largeur du tenon en rapport avec la largeur de la mortaise. Cette largeur ne doit être que des deux tiers de celle de la traverse; l'autre tiers est pour l'épaulement.

§ 8. ASSEMBLAGE A TENON BATARD (1) (fig. 13, 13 *a* et 13 *b*).

On emploie cet assemblage toutes les fois qu'on veut faire un travail dont les battants ou les pieds sont plus épais que la traverse; tels que les pieds d'établi et les traverses assemblées dans les pieds d'un meuble quelconque. Il épargne le bois, parce qu'il ne demande pas tant d'épaisseur, et le temps, parce qu'il évite de donner des coups de scie aux tenons et aux arasements.

Le tracé se fait ainsi : on ajuste le trusquin d'assemblage, de manière à ce que la seconde pointe vienne juste à l'épaisseur des traverses, pour les travaux qui doivent affleurer. Quant aux pieds de table (qui sont toujours saillants sur les traverses), l'arasement de celles-ci se fait par derrière et non par devant. Par conséquent, c'est l'épaisseur des bois qui indique les proportions de la joue de la mortaise. Pour tracer le

(1) On entend par *tenon bâtard*, un tenon qui n'a qu'une joue ou n'un arasement.

tenon, on ajuste un trusquin à pointe, suivant l'épaisseur du bec d'âne dont on veut se servir, on le passe en parement pour les travaux dont l'arasement se fait derrière, et du côté opposé pour ceux dont l'arasement se fait devant. Dans ces sortes de travaux, il faut faire bien attention à ne tracer sur les traverses le trait d'arasement que du côté où il doit être, afin de ne pas couper le tenon en place de l'arasement, ce qui n'arrive que trop souvent.

§ 9. ASSEMBLAGE A TENON ET MORTAISE AVEC ÉPAULEMENT ET FLOTTAGE (fig. 14 et 14 *a*).

Cet assemblage sert à toute sorte de menuiserie lorsqu'un ou plusieurs côtés sont plus épais les uns que les autres, tels que : les jets d'eau de porte et de croisée, les pièces d'appui de châssis dormants et les battants de côte.

On le trace de cette manière : on débite quatre morceaux, dont deux battants AA et deux traverses, une pour le haut B, qui est égale d'épaisseur avec les battants, et une pour le bas C, plus épaisse que celle-ci, de manière à ce qu'elle affleure en parement et qu'elle saillisse hors parement. Après avoir corroyé, établi et tracé ces quatre morceaux, suivant les mesures indiquées, on ajuste le trusquin d'assemblage in de tracer la forme que doivent avoir les tenons K les mortaises L dans le haut et dans le bas des deux ittants, ainsi que dans les bouts des traverses. Quand n a passé le trusquin, on trace dans le bas, à chacun es battants, un trait d'équerre DE correspondant à la rgeur du morceau saillant et indiquant l'arasement ı flottage H. On ajuste ensuite un trusquin à pointe, manière à faire un trait FG à 4 millimètres de la ve et à le passer sur les côtés et en bout jusqu'au ait d'équerre DE. On doit toujours passer son trusuin sur les parements, parce que si l'on avait des iégalités sur l'épaisseur des morceaux, on ne pourlit ni affleurer ni assembler. Quand on a passé le usquin sur les battants, on le passe, sans le déraner, de G en F sur la traverse du bas, également dans s bouts et sur les côtés, jusqu'au trait de largeur es battants DE. On fait les mortaises aux battants et s tenons aux traverses. Pour la traverse du bas, on onne de F en G un coup de scie de plus qu'à celle u haut pour le flottage H. On doit laisser le trait à ı partie restante H et faire sauter ce qui reste entre flottage et le tenon avec un petit bec-d'âne. On lonne ensuite des coups de scie dans le bas des batants de D en E en laissant le trait à la joue de la moraise et on les arase; puis on arase les traverses, on ait sauter les épaulements I et on emmanche suivant es établissements. Il ne reste plus alors qu'à cheviller affleurer et replanir.

§ 10. ASSEMBLAGE A ENFOURCHEMENT, DIT A CHAPEA (fig. 15 et 15 *a*).

Cet assemblage se fait par des traits de scie. L fourche c se fait au battant A, et le tenon D à la tra verse B. On le trace avec le trusquin d'assemblage comme pour les assemblages à tenon et mortaise. I s'emploie particulièrement pour les châssis dormant de croisées.

Voici comment on procède pour le faire : quand o donne les coups de scie au battant, pour faire la four che, on doit laisser le trait de trusquin à la joue res tante, c'est-à-dire engager la scie intérieurement d chaque côté, jusqu'au trait de profondeur. Le milie se fait sauter au moyen d'un ciseau ou d'un bec-d'âne Quant aux traverses qui ont les tenons, c'est tout l contraire; on doit laisser le trait à la partie du milie et couper les deux arasements avec la scie à araser On emmanche ensuite.

§ 11. ASSEMBLAGE A DOUBLE ENFOURCHEMENT (fig. 16 et 16*a*).

Le nom de cet assemblage indique qu'il a deux tenons au lieu d'un; il s'emploie particulièrement pour les travaux de menuiserie, d'ébénisterie et de charpente qui ont à supporter un grand poids ou qui fatiguent par une résistance continue, tels que les presses et les serre-joints.

Le tracé se fait ainsi : on débite quatre morceaux afin de faire un châssis à jour qui se compose de deux pieds A A et de deux traverses B B qu'on corroie également de largeur et d'épaisseur ; puis on les établit et on les trace de longueur. Sur chacun de ces morceaux, on fait un trait C D correspondant à leur largeur, ce qui indique aux battants la profondeur des enfourchements et aux traverses la longueur des tenons. Quand ce tracé est terminé, on prend un trusquin d'assemblage dont les pointes sont distancées, suivant l'épaisseur du bec-d'âne dont on veut se servir, et on calcule la distance qui doit exister entre les deux mortaises H; c'est ce qu'on nomme joue d'enfourchement I. On écarte ce trusquin et on l'ajuste de manière à ce que les joues soient à peu près égales avec les mortaises. Quand le trusquin est passé sur les côtés et en bout, on donne des coups de scie de C en D au battant et à la traverse, en ayant soin de laisser le trait à la partie restante. Par exemple, on enlève les deux fourches du milieu au battant, et une seule à la traverse qui se trouve juste au milieu de son épaisseur. On arase les rives à la scie. Les distances du milieu se font sauter avec un petit ciseau ou un bec-d'âne. Il ne reste plus alors qu'à emmancher.

Cet assemblage ne se cheville pas : les chevilles le feraient fendre. Pour l'ébénisterie, il se colle ; pour la menuiserie et la charpente, il se boulonne avec des boulons à tête et à écrou, ou des tire-fond. Pour fixer ces derniers, on perce avec une mèche ou une tarière la moitié du trou à la grosseur du collet du tire-fond et l'autre moitié plus petite que le filet, afin qu'il se taraude avec le bois, ce qui fait la solidité de l'assemblage. Pour les boulons, c'est l'écrou qui donne toute la force.

§ 12. ASSEMBLAGE A QUEUE D'ARONDE.

Cet assemblage s'emploie particulièrement pour les tiroirs de commode, de tables de bureaux et pour les boîtes de voyage. On établit les bois des devants et des bouts avec les signes indiqués au chapitre III, et on les marque ainsi : les devants avec les signes des ıontants, et les bouts ou *côtés* avec les signes des traerses haut et bas. Je ferai observer, pour n'y plus reenir, qu'on établit ainsi toute sorte de menuiserie et 'ébénisterie. On fait l'assemblage à queue d'aronde e trois manières différentes qui chacune ont un nom.

1° *Assemblage à queue ordinaire* (fig. 17 et 17 *a*).— ıans cet assemblage, les queues traversent la partie ssemblée et se voient en bout.

Les bois étant établis, ainsi qu'il est dit plus haut, n trace le devant E et le bout ou côté F de longueur, n tire un trait A B sur le devant, suivant l'épaisseur u côté, et on fait des entailles C dans les bouts du côté. e nombre d'entailles et de queues varie d'après la ırgeur des bois. Les queues D se font plus ou moins randes, suivant l'importance du travail. On met le out F dans la presse de l'établi, de manière à ce que dedans de l'établissement soit devant soi, et le pareıent du morceau derrière, parce que les entailles oivent être plus larges à l'extérieur qu'à l'intérieur. n lui donne alors des coups de scie jusqu'à la proondeur du trait d'épaisseur A B ; puis on le met à plat ur l'établi, on le maintient avec le valet et on fait auter les entailles. Pour cette opération, il faut avoir ıien soin de ne pas faire sauter une joue en place l'une entaille, parce que le morceau serait gâté, ce qui arrive trop souvent. Quand on a fait sauter les entailles (ce qui se fait en deux fois, moitié d'un côté et moitié de l'autre), on prend le côté F et on le place sur le devant E en regard avec l'établissement, et correspondant bien juste avec le trait de l'épaisseur AB. On prend alors un compas, ou une pointe à tracer, qu'on fait glisser sur les joues des entailles afin de tracer les queues qui doivent être faites. Pour les faire, on doit mettre les devants E à plat sur l'établi comme pour faire les tenons, et donner des coups de scie bien exactement suivant les traits indiqués par la pointe à tracer. On les replace ensuite en sens contraire sur l'établi, on les serre avec le valet, et on fait sauter au ciseau les distances qui séparent les queues les unes des autres, et à la scie les joues des rives. Il ne reste plus qu'à les emmancher et à les coller.

2° *Assemblage à queues recouvertes* (fig. 18 et 18 *a*). — Dans cet assemblage, les queues se voient sur les côtés et non sur les devants. Il sert spécialement aux tiroirs en général.

On calcule de manière à laisser une joue H de 5 à 6 millimètres sur le devant E, et pour cela on y donne un trait de trusquin de I en J. On donne un autre trait de A en B sur le côté F pour indiquer la longueur des queues. Les entailles C se font dans les devants et les queues D dans les côtés. On procède pour le reste comme pour les queues ordinaires.

3° *Assemblages à queues perdues avec recouvrement d'onglet* (fig. 19 et 19*a*). — Dans cet assemblage, les queues ne se voient ni sur les côtés ni sur les devants.

Il se fait d'une manière toute particulière : on corroie deux morceaux dont l'un est le devant E et l'autre le côté F. On coupe les bouts d'équerre et on les dresse au bois à dresser. On prend alors le trusquin d'épaisseur qu'on passe intérieurement dans les bouts à chacun des morceaux, de A en B et de A en G. On ajuste ensuite ce trusquin de manière à laisser une joue H de 3 à 4 millimètres sur les côtés parements. Ceci fait, on trace les entailles C au côté, on donne les coups de scie suivant la ligne A G et on fait sauter les entailles. Il ne reste plus qu'à couper la joue d'onglet de I en J dans le bout. Ensuite on prend le côté et on l'applique sur le devant suivant la ligne A G. On trace les queues D sur le devant avec un compas ou une pointe à tracer. On donne ensuite des coups de scie suivant ces traits, on fait sauter les distances des queues et on coupe le bout d'onglet. On emmanche après.

§ 13. ASSEMBLAGE A FAUSSE COUPE (fig. 20, 20 *a*, 20 *b*, et 20 *c*).

On entend par *fausse coupe* un angle qui n'est ni d'équerre ni d'onglet. L'assemblage à fausse coupe sert à réunir un morceau large avec un étroit, possédant chacun des moulures. On commence par débiter les morceaux de longueur, de largeur et d'épaisseur, et on les travaille suivant les mesures demandées. Ce travail préparatoire fait, on établit son bois et on le trace de la manière suivante : On place le battant B sur champ et on le trace des deux bouts, suivant la longueur indiquée au plan, puis on ravance au dedans un trait H I suivant la largeur de la traverse C. On trace de même la traverse en tirant un trait F J en rapport avec la largeur du battant. On tire ensuite sur les deux côtés une ligne d'un angle à l'autre E F, qui donne l'arasement que l'on coupe. On coupe le battant B d'équerre en E F afin de faire la mortaise G, et on fait le tenon K à la traverse C. Alors on pousse les moulures A, on fait sauter les épaulements L et on emmanche, afin de s'assurer comment les pièces se joignent. On colle ensuite les joints, et quand la colle est suffisamment sèche, on les affleure et on les replanit au rabot et au racloir. Ceci fait, on *ra-*

graie (1) ou on raccorde les moulures et on les passe au papier de verre.

§ 14. ASSEMBLAGE A SIFFLET OU A BISEAU (fig. 21 et 21 *a*).

Cet assemblage (qui sert aux mêmes ouvrages que le précédent) est plus simple que lui, mais il est moins solide. Il ne tient que par des boulons, des tire-fond, des clous ou de la colle. On trace sa coupe de la manière suivante :

On corroie, comme pour l'assemblage précédent, des morceaux égaux de largeur et d'épaisseur. On les établit, on les met sur champ les uns contre les autres et on tire des traits dans les bouts pour les couper carrément. On fait ensuite un autre trait afin d'avoir une coupe en sifflet AB au moins de 15 centimètres de long. On coupe les morceaux à la scie suivant ces traits, et on les dresse à la varlope. L'important de cet assemblage est de bien suivre les traits, et de bien ajuster les coupes, soit en les collant, soit en clouant.

Les charrons se servent de cette coupe pour rallonger les timons ou les brancards de voitures cassés.

(1) On appelle *ragrayer des moulures*, les faire affleurer au moyen de la gouge et du ciseau.

§ 15. ASSEMBLAGE A TRAIT DE JUPITER (fig. 22, 22 *a* et 22 *b*).

Cet assemblage sert particulièrement à rallonger les pièces de menuiserie d'une grande longueur.

On commence par corroyer deux ou plusieurs pièces de bois M et N bien égales en largeur et en épaisseur. On les établit par des lettres ou des chiffres. On prend la fausse équerre afin de tracer sur chacun une coupe en sifflet plus ou moins allongée, suivant l'épaisseur des bois. On coupe ces morceaux à la scie et on les dresse à la varlope suivant les traits indiqués. On ajuste ensuite sur chacun un trusquin à pointe afin de tracer un trait en reculement de 2 centimètres de la rive corroyée, soit sur M la ligne AB et sur N la ligne CD. Ceci fait (parlons d'abord de M), on prend le milieu de la longueur de la coupe AB en J, puis on trace dans un des deux bouts, soit dans la partie B, un trait venant de B sur la rive en E′ et on fait de même dans l'autre bout de H en C′. On trace ensuite des deux côtés du point central J les points K et G distancés également du point J de 2 centimètres. On prend de même sur la pièce N le point milieu J′ à 2 centimètres duquel on marque de chaque côté les points I F et on trace, comme sur la pièce M, les traits CH′ et B′E. A la pièce M, on donne un coup de scie de C' en H, de H en G et de G en I'; à la pièce N, on en donne un de B' en E, de E en F et de F en K'. Alors on fait entrer la pièce M dans la pièce N. L'espace compris entre NGIF est laissé vide pour le passage de la clef de serrage L qu'on emmanche de force sur la largeur et qu'on affleure de chaque côté. La clef doit être au moins de 6 centimètres plus longue qu'il ne faut et conique, comme les chevilles, afin de l'enfoncer de force.

CHAPITRE VII.

Portes à l'anglaise (fig. 23 et 23 *a*).

On débite (1) d'abord un nombre suffisant de planches, afin que réunies, elles offrent la largeur voulue ; on débite également les emboîtures, puis, le bois étant scié, on blanchit les planches des deux côtés et on les dresse sur champ ; on les place ensuite les unes contre les autres, ou sur l'établi, ou sur des tréteaux, pour les établir soit par des chiffres, soit par trois traits coniques. Ceci fait, on pousse les rainures et les languettes avec des bouvets, suivant l'épaisseur du bois qu'on travaille, et on colle de suite les joints afin qu'ils sèchent pendant le temps qu'on prépare les emboîtures. Pour faire ces dernières, on n'a qu'à les blanchir d'un côté, à les mettre d'équerre et les tirer de large, puis pousser à chacune d'elles une languette avec les bouvets dont on vient de se servir. On dresse bien ensuite une rive de la porte, et prenant le grand triangle, on trace d'équerre un bout de la porte pour le dresser, afin d'y pousser une rainure.

(1) On appelle *débiter* le bois, le partager en longueur ou en épaisseur pour en faire des pièces de dimensions voulues.

Quand ce bout est tracé, on calcule combien les deux emboîtures réunies donnent de largeur (elle ne doit jamais être plus large que 5 centimètres, attendu que le moindre frottement les fait tomber), on déduit sur la longueur totale de la porte les largeurs des emboîtures, on coupe ensuite les bouts en les dressant à la varlope, on pousse les rainures qui doivent recevoir ces emboîtures, on les colle et on affleure tous les joints bien proprement et sans bosses. Enfin, on tire la porte de large, on abat les arêtes, et il ne reste plus qu'à l'ajuster dans sa baie ou ouverture.

CHAPITRE VIII.

Portes pleines avec emboîtures à tenons et mortaises (fig. 24 et 24 *a*).

On s'y prend de la manière indiquée au chapitre précédent, seulement on prépare ses emboîtures et on trace la place des trois mortaises. Avant de coller la porte ou partie pleine, on se sert des mêmes emboîtures pour tracér ses tenons. Ceci fait, on démanche ses joints pour donner les coups de scie de chaque côté du tenon. A ces sortes d'emboîtures, il faut toujours pousser une rainure, et en traçant les arasements de la porte, ne pas oublier de ravancer la barbe ou longueur nécessaire pour remplir cette rainure. En règle générale, toutes les fois qu'on ravance un trait pour une rainure, soit pour une moulure, soit pour une feuillure ou tout autre travail, il est indispensable de ravancer une barbe. Après avoir enlevé ce qui se trouve de chaque côté du tenon, et coupé ce tenon de longueur suivant la profondeur de la mortaise, on passe le trusquin d'assemblage en rapport avec ses bouvets, et on abat ses tenons qu'on arase ; après quoi, on colle ses joints afin qu'ils sèchent pendant qu'on fait ses mortaises aux emboîtures.

Je ne crois pas inutile d'expliquer ici les meilleurs moyens de coller des parties pleines, telles que les portes. On prend des barres quelconques, pourvu qu'elles soient aussi longues que la largeur de la partie pleine, à chaque rive de laquelle on ajuste des presses; puis on serre les barres entre lesquelles se trouve la partie pleine afin qu'en se servant des serre-joints, elle se maintienne droite et ne se bombe pas. Quand les mortaises sont terminées, on les emmanche dans les tenons en les ajustant jusqu'à ce qu'ils joignent bien des deux côtés; après quoi on presse avec de grands serre-joints et on cheville. Ceci fait, on tire sa porte de largeur et on l'affleure bien proprement des deux côtés avec le rabot, selon l'importance qu'elle peut avoir (quelquefois même on la passe à la pierre ponce ou au papier de verre), et il ne reste plus alors qu'à l'ajuster.

Je ne ferai aucune description pour les portes pleines avec jets d'eau dans le bas et clefs dans les joints (fig. 25 et 25 *a*), ni pour celles auxquelles on met des barres à queue (fig. 26 et 26 *a*); le dessin suffira pleinement pour faire comprendre leur construction. Elle est la même que pour les autres portes pleines. Je dois seulement faire observer qu'on emploie principalement les barres à queue pour les contrevents de campagne et pour les portes de cave.

CHAPITRE IX.

Portes vitrées.

§ 1. PORTES VITRÉES AVEC MOULURE AUTOUR DU PANNEAU (1).

Pour faire une porte vitrée, il faut deux battants ou montants, trois traverses (une dans le haut, une dans le milieu et une dans le bas) et ce qu'on appelle les petits bois. Si la porte a quatre carreaux, ce qui se fait le plus souvent, on a une traverse petit bois et deux petits montants, plus le panneau. Quand les bois sont travaillés et le panneau collé, on établit de la manière suivante :

On commence par tracer les battants de longueur, on marque ensuite la largeur des traverses, en traçant celle du milieu suivant la grandeur que les carreaux doivent avoir, et en se rappelant que, dans ce cas, les mortaises ne doivent pas traverser. Il est inutile de recommander de mettre la traverse petit bois au milieu des deux autres traverses. C'est ce tracé qui donne la longueur des petits montants. Toutes ces pièces

(1) La figure 27 peut servir au besoin pour cette description.

ayant des moulures d'un côté, il faut les tracer d'onglet, attendu que cette coupe fait profiler toutes les moulures qui se trouvent d'équerre.

Il arrive quelquefois que ces sortes de portes sont à double parement, ce qui fait qu'elles ont des moulures des deux côtés et, quelquefois aussi, que la moulure du haut n'est pas la même que celle du bas; de là quelques difficultés pour le ravancement. Afin d'arriver juste, je conseille, toutes les fois que dans un travail on aura des moulures, des feuillures ou des congés, comme aux croisées, de pousser ses outils sur un bout de bois bien travaillé, et de prendre dessus ses mesures pour les ravancements. Quand on a tracé les battants et les traverses, on passe le trusquin d'assemblage à chaque endroit indiqué pour les tenons et les mortaises, et on trace le panneau de longueur suivant la distance qui existe entre la traverse du bas et celle du milieu, en rajoutant le mollet, c'est-à-dire la longueur qu'il faut en plus au panneau pour entrer dans les rainures. Quant à la largeur, on l'obtient par l'arasement de la traverse, à laquelle on ajoute les deux mollets. On atteint ensuite les traits qu'on vient de faire (c'est ce qu'on appelle en terme de menuiserie *écarir* son panneau), après quoi, on le replanit proprement et on le met au mollet. On entend par replanir son bois, le finir de blanchir, affleurer les joints et passer au papier de verre. Pour mettre un panneau au mollet, il faut pousser le bouvet qui a servi à faire les rainures aux battants et traverses, sur une pièce de bois corroyée que l'on nomme *mollet* et que l'on conserve pour en faire usage au besoin, ainsi que les morceaux de bois, dont j'ai parlé plus haut, sur lesquels on pousse les moulures et les feuillures. Quand le panneau est replani, et qu'on a poussé la rainure sur un bout de bois, on amincit le derrière du panneau tout à l'entour, de manière à y faire glisser exactement le mollet, et, le panneau fini, on mortaise et on abat les tenons. On donne ensuite des coups de scie aux onglets et on pousse les rainures, les feuillures et les moulures ; puis, après avoir arasé et fait sauter les épaulements, on emmanche, on cheville, on replanit, et la porte est faite.

§ 2. PORTES VITRÉES A GLACES ET A DOUBLE PAREMENT (fig. 27 et 28).

Ces portes diffèrent des précédentes en ce qu'elles ont deux parements, c'est-à-dire des moulures des deux côtés AB, et deux vantaux. On s'en sert pour les balcons ou comme porte de sortie sur les perrons où l'on met une marquise.

Elles se composent de deux battants de ferrure C et

de deux de fermeture D. On doit particulièrement s'attacher à faire *régner les champs* partout, ce qui veut dire que lorsque les moulures et les baguettes sont poussées, les battants et les traverses doivent être égaux de largeur. Le tracé de ces portes est le même que celui des portes vitrées ordinaires. Le travail essentiel consiste à ravancer bien juste les barbes des moulures et des feuillures, et, lorsqu'on coupe ou qu'on équarrit les panneaux, à bien les ajuster au mollet, afin qu'ils entrent exactement dans les rainures et qu'ils ne dansent pas (1).

§ 3. PORTES VITRÉES A CROISILLONS (fig. 28, 29 et 30).

Elles ne diffèrent que dans la disposition des croisillons qu'on assemble d'angle en angle et qu'on réunit entre eux par une fausse coupe et à enfourchement. La figure 12 suffira pour en donner une idée exacte.

(1) On dit en menuiserie d'un panneau qui danse, qu'*il bat la générale*.

CHAPITRE X.

Croisées à glaces et à petits bois avec moulures
(fig. 31, 32, 33, 34 et 35).

Les croisées à glace et à petits bois se composent de deux châssis nommés *châssis dormants* ou *encadrements* A, B, C, sur lesquels sont ferrés les *châssis à verre* dont il a été parlé plus haut. Tous les bois formant l'ensemble d'une croisée portent un nom différent; on peut en voir l'explication à la fin du chapitre. Les croisées à glaces ne diffèrent des croisées à petits bois que par le nombre de carreaux; les unes ont donc plus de petites traverses et de petits bois que les autres, et, par conséquent, plus de façon. Du reste les termes sont les mêmes; en voici la nomenclature :

Fig. 31, A, pièce d'appui.
— B, traverse du haut.
— C, montants dormants.
— A, B, C, châssis dormants ou encadrement.
— D, battants de ferrures des châssis à verre.
— F, I, battants de côte, dits à gueule-de-loup.
— G, battant minot arrondi.
— E, traverses du haut des châssis à verre.

Fig. 31, H, jets d'eau.
— I, côte.
— J, congé dans lequel entre le nœud de l
charnière.
— T, charnières.
— K, petits bois.

Fig. 32. L, gueule-de-loup.
— M, embrèvement.
— N, feuillure à verre.
— O, noix.
— P, congé.
— Q, nœud de la charnière entrant dans
congé.

Fig. 33. R, enfourchement.
— S, joue d'enfourchement.
— A'', flottage de la pièce d'appui, vu
dessous.

Fig. 34. A', flottage de la pièce d'appui, vu
coupe.
— H', flottage des jets d'eau, vu de coupe.
— I', côte, vue de coupe.
— B', traverse du haut dormant, vue
coupe.
— V, mortaise de la croisée, elles doive
toutes traverser.

§ 1. CHASSIS DORMANT.

Le châssis dormant comprend deux montants C, C, une traverse dans le haut B, et une pièce d'appui A. Tout ce qui concerne ce châssis s'assemble à enfourchement R, S, et se fait par des coups de scie. Cet assemblage diffère des autres en ce qu'il n'a pas d'épaulement et que les tenons (1) sont toujours faits dans les traverses.

La pièce d'appui se fait à coups de bouvet, puis au guillaume et à la varlope. Il existe de plus un recouvrement à la pièce d'appui que l'on nomme flottage, A', A". Ce recouvrement étant par derrière le châssis dormant, c'est la partie arrondie qui se trouve noyée (2) dans le plâtre des embrasements. On pousse (Voir le chapitre VIII, 2e partie, concernant les moulures) aux montants de ces sortes de châssis, une gorge appelée noix O, et une autre sur la rive, nommée congé P, dans laquelle on entre le nœud de la charnière A; la traverse du haut n'a seulement qu'une feuillure de l'épaisseur des bois de châssis à verre et

(1) Les tenons de la traverse du haut du châssis dormant et de la pièce d'appui conservent leur largeur. La pièce d'appui a en plus du tenon le flottage A' qui recouvre toute la largeur du montant.

(2) On dit qu'une pièce est *noyée* quand elle entre dans un trou de scellement.

une pareille à la pièce d'appui. Lorsque ce châssis est ainsi préparé, on le monte, mais on ne le cheville que quand les châssis à verre sont ajustés, afin de régler le jeu.

§ 2. CHASSIS A VERRE.

Ces sortes de châssis ont quatre battants, dont deux dits battants de ferrure D, D, un troisième dit battant de côte ou à gueule-de-loup F, I, un quatrième dit battant minot et qui est toujours arrondi G; plus deux traverses dans le haut E, E, deux jets d'eau dans le bas H, H et des petites traverses dites à petit bois K suivant le nombre de carreaux que doit avoir la croisée. Ces bois se travaillent comme toute espèce de menuiserie, et sont tous de la même épaisseur, à l'exception du battant de côte.

Je crois utile d'expliquer la manière de faire ce battant, qui est d'une forme particulière et différente des autres. Il se compose ordinairement de deux morceaux, dont un de l'épaisseur des autres battants et de la largeur demandée par le plan, avec les languettes de rembrèvement M, et le second plus épais avec les deux côtes et une largeur également déterminée par le plan. Pour le rembrèver, on prend un bouvet de deux pièces ou plus ordinairement un outil double fait exprès pour cette espèce d'ouvrage, et que l'on nomme bouvet à rembrèver. Il fait deux rainures à la côte et une seule au milieu de l'autre morceau, ce qui forme deux languettes de chaque côté, qui entrent juste dans les deux rainures de la côte. Il existe en outre, comme partie saillante, les deux jets d'eau, ayant comme à la pièce d'appui un flottage qui les fait recouvrir sur les battants. Au contraire des pièces d'appui, les jets d'eau sont noyés dans le battant de 3 à 4 millimètres d'épaisseur; du reste, les châssis à verre se noient de toute leur épaisseur dans la pièce d'appui et la traverse du haut dormant.

Je reviens à la description des bois. Les deux battants de ferrure sont de même largeur; les battants du milieu, à savoir : le battant de côte et le petit battant minot sont, le premier très-large, et l'autre très-étroit. Il faut, pour l'ordre du travail, que, la croisée formée, les battants qui figurent de chaque côté de la côte et qui se trouvent au milieu soient de la même largeur, et que les jets d'eau et les traverses du haut aient aussi une largeur égale; c'est ce que l'on appelle faire régner les champs. Lorsqu'on a ajusté les châssis à verre dans le châssis dormant (ce qu'on appelle mettre sa croisée en bois), on cheville les châssis dormants dans lesquels sont placés les châssis à verre, afin d'égaliser le jeu et n'avoir plus à y retoucher.

J'engage ici mes lecteurs à ne pas oublier que pour

faire une croisée à petits bois ou à glace, ou tout autre châssis simple, il faut : 1° pousser les feuillures avant d'araser les tenons ; 2° s'il y a des moulures, donner un trait de scie aux onglets des battants et traverses avant de pousser les moulures. Tous ces ouvrages se font de la même manière.

CHAPITRE XI.

Persiennes ordinaires (fig. 36 à 41).

Les persiennes se composent de quatre battants A,B, ont deux de ferrure A, qui sont de la même largeur, t deux de fermeture B qui ont la largeur d'une feuilure de plus que ceux-ci. Cette feuillure, ordinaireent large de 15 millimètres, porte juste la moitié de épaisseur du battant. Le nombre de traverses varie uivant le nombre de panneaux des lames; si la perienne est haute, on met quatre panneaux, ce qui blige à mettre cinq traverses; si, au contraire, elle est asse, on n'emploie que trois panneaux et par conséuent trois traverses C, C, C, qui, du côté parement (1), oivent figurer de la même largeur que les battants, auf une seule qui est plus large par rapport à sa ente. Celles du haut et du bas doivent avoir, en plus e la largeur des battants, la pente qui est donnée aux ames, et celle du milieu, deux pentes en plus.

On ne doit jamais faire de persiennes sans plan, ne ût-ce que pour débiter convenablement son bois et viter d'en gâter. D'abord un plan indique le nombre

(1) On appelle *côté parement* celui qui se présente sur le devant. Ce erme s'emploie pour toute espèce de menuiserie.

de lames que l'on a par panneau, ainsi que leur largeur qui est déterminée par la pente et qui varie suivant l'épaisseur des battants ; il indique, en outre, la largeur des traverses, et l'endroit où il faut tracer les épaulements que l'on abat avant de faire les tenons, ce qui abrège le travail et évite de la fatigue. Tout le bois de persiennes doit être de même épaisseur.

Pour la manière de préparer les lames D, quelques explications sont nécessaires. Il faut avoir un outil que l'on nomme outil à persiennes, et avec lequel on pratique des entailles pour recevoir les lames. Cet outil est poussé sur un morceau de planche dressée, afin de prendre juste l'épaisseur des lames E E', attendu qu'elles doivent y entrer bien exactement (fig. 39 et 39 *a*). On ajuste donc la première lame, on y place un trusquin à pointes, et, prenant un bout de planche en bois dur, plus long et plus large que les lames, bien droit et surtout bien dégauchi (fig. 40 et 40 *a*), on pose deux tringles F, F', bordant exactement l'épaisseur qu'on a prise, puis on pose une lame sur cette planche, et on cloue les tringles de chaque côté. On place ensuite une extrémité G de la planche contre le crochet de l'établi, et on enfonce une pointe à l'autre bout H, afin qu'elle ne se dérange pas. Cette planche sert de guide pour travailler d'épaisseur toutes les lames.

On passe à la manière de les araser juste et au moins un panneau à la fois; le nombre de lames par panneau varie suivant la longueur des persiennes. Pour tracer la longueur des lames, on a soin de relever l'arasement des traverses, et de rajouter deux fois la profondeur des entailles E'. On en trace deux, qui servent de guide pour araser les autres, auxquelles on laisse au milieu un tourillon carré I, suivant l'épaisseur de la lame, et long d'un centimètre (fig. 41 et 41 *a*). On barbouille de noir les bouts d'arasement de ces deux lames, afin de voir si on ne les attaque pas en arasant les autres. Voici comment on procède à cette opération : on réunit les lames sur un ou deux morceaux bien droits; une des deux lames unies est placée d'un côté, l'autre de l'autre; on les serre bien avec un ou deux serre-joints, et quand les deux lames de rive sont bien en face l'une de l'autre, d'après l'équerre, et qu'elles portent bien à fond, ce dont on s'assure, on les arase toutes conformément à celles des deux rives, et on procède ainsi pour toutes celles qu'on a à faire.

Les entailles des battants K (fig. 38) se font à la presse ou avec des serre-joints. Je suppose qu'on ait dix paires de persiennes, ce qui donne vingt battants de droite et vingt de gauche, on peut, si on a des serre-joints assez longs, pousser ces vingt battants à la fois. Pour cela, il faut surtout ne pas mêler l battants de droite et ceux de gauche, l'entaille trouvant en sens inverse. Quand ils sont bien ajust à fleur et selon leurs entailles, on prend une petit baguette mince que l'on cloue suivant les traits i diqués pour la place des lames et on pousse l'*out à entailler* contre la baguette jusqu'à ce qu'il por bien à fond. On répète cette opération jusqu'à la de nière entaille, et quand toutes sont poussées, on per les trous destinés à recevoir les tourillons des lame Ce trou se perce juste au milieu de l'épaisseur d bois et doit être de la grosseur de l'entaille, plut un peu plus petit, de manière à donner du serrage a tourillon. Il se fait avec une mèche anglaise ou u mèche à cuillère ; l'une va plus juste, l'autre plus vit Tout étant ainsi préparé, on emmanche et on ch ville, et il ne reste alors qu' à affleurer sur un ang les lames qui désaffleurent de beaucoup. Enfin, o pousse la feuillure de fermeture L et une baguette l sur la joue de cette feuillure, ce qui fait un orn ment de chaque côté, comme on peut le voir dans l figure 37.

CHAPITRE XII.

Portes et volets persiennes (fig. 42, 43, 44 et 45).

§ 1. PORTES-PERSIENNES.

Elles diffèrent des persiennes ordinaires en ce qu'elles ont à panneau plein, tandis que celles-ci sont à panneau à jour.

§ 2. PERSIENNES BRISÉES.

Elles diffèrent des persiennes ordinaires par leur rgeur, et se développent dans les embrasements. On s nomme *brisées*, parce qu'elles sont ferrées à charière et se rabattent les unes sur les autres, moitié à oite, moitié à gauche.

§ 3. VOLETS-PERSIENNES (fig. 42 et 44).

On les emploie généralement pour les rez-de-chausées. On remplace les lames par des panneaux pleins ans le bas seulement, et on ne conserve des lames u'au panneau du haut. Ces panneaux pleins se nomnent panneaux arasés (1), parce qu'ils affleurent les

(1) On arase les panneaux au moyen des bouvets à joindre.

battants, sinon des deux côtés, du moins sur le devan
La façon est, du reste, la même que pour les pe
siennes ordinaires.

§ 4. PERSIENNES CINTRÉES (fig. 43).

Comme toutes les autres sortes de persiennes, ell
suivent le même mode de construction que les pe
siennes ordinaires. Leur seule différence consiste da
le cintre qu'elles ont à leur élévation.

Les volets-persiennes à plein-cintre (fig. 45) so
presque une variété de celles-ci, mais on s'en se
moins fréquemment à la ville que de ces dernières

Les dessins suffiront amplement au lecteur et l
abrégeront l'ennui d'une description, la constructi
étant toujours la même que celle des persiennes o
dinaires.

CHAPITRE XIII.

Menuiserie d'appartement.

MANIÈRE DE FAIRE LES CHAMBRANLES, DE POSER LES MOULURES A FAUSSE COUPE SUR LES PLAFONDS, LES PLINTHES, LES STYLOBATES, LES CYMAISES, LES BAGUETTES D'ANGLE DANS LES APPARTEMENTS, ET LES SIÈGES A FAUSSE COUPE DANS LES CABINETS D'AISANCES.

Ce chapitre s'adresse particulièrement aux apprentis, aux amateurs et aux ouvriers des départements qui n'auraient aucune notion de la pose de la menuiserie dans les appartements. Depuis la création des chemins de fer, on bâtit partout des maisons à l'instar de celles de Paris, et on fait venir de cette ville des pièces toutes travaillées ainsi que des ouvriers qui viennent les poser. Et cependant il y a dans le pays même des patrons et des ouvriers qui auraient pu se charger de ces travaux, s'ils avaient été capables de les exécuter. Pour que cet état de chose cesse, il faut que les personnes dont je parle étudient le dessin, se perfectionnent dans la main-d'œuvre et que leur habileté les fasse remarquer des ingénieurs, des architectes et autres hommes compétents. Forgez, si vous voulez devenir forgeron.

§ 1. CHAMBRANLES DE PORTES (fig. 46, 46 *a*, *b*, *c*).

On fait des chambranles de plusieurs manières qui varient suivant l'importance du travail. Les chambranles simples sont assemblés carrément et se noient dans les plâtres. On rapporte dessus les moulures. Tous les chambranles se composent de deux montants A A, d'une traverse du haut C et d'une feuillure D, faite tout autour et à l'intérieur, pour recevoir la porte qui s'y noie. Ils sont ornés sur le devant et sur la rive extérieure d'une moulure E formant cadre.

Pour faire les chambranles riches pour salon et salle à manger, on prend deux morceaux de bois pour les montants, on les coupe de longueur suivant la mesure indiquée au plan et on en fait de même pour la traverse, puis, on les corroie tous également de largeur et d'épaisseur. Ceci fait, on les établit afin de les tracer suivant la longueur et la largeur que doit avoir la porte. Cette mesure doit être calculée à partir du fond des feuillures. On doit élégir les moulures dans l'épaisseur des bois, et les assembler à enfourchement et d'onglet afin d'éviter de diminuer la largeur du tenon et de la traverse. Enfin on rapporte les socs F.

Ces sortes de chambranles se posent avec des vis. A cet effet, on fait sceller des tampons de distance en distance dans les plâtres, afin de fixer les vis dans les tampons.

§ 2. AJUSTEMENT DES CORNICHES A FAUSSE COUPE SUR LES PLAFONDS (fig. 47 et 47 *a*).

On peut avoir à poser des corniches ou toute autre moulure dans des appartements qui n'ont quelquefois aucun angle d'équerre et qui, par conséquent, sont à fausse coupe partout. Cet inconvénient met quelquefois dans un grand embarras, et expose même à gâter les moulures. Ceci arrive surtout à ceux qui n'ont aucune notion du dessin. Pourtant ce travail est bien simple et je vais l'expliquer.

Quand on a des moulures quelconques à poser dans les conditions indiquées ci-dessus, on applique un des morceaux de la moulure sur le mur B et sur le plafond A comme si on voulait la poser, on marque au crayon la distance du recouvrement, soit CD. On prend cette distance au compas, et on la reporte dans les coins, soient les points C figurés sur le plafond A, puis on joint ces points entre eux par des traits marqués au plafond. Quand on rencontre des ressauts E et des parties saillantes F, on reporte sur leurs angles la même distance qui existe dans les coins C, vu que la distance doit toujours être la même à partir du fond du mur.

C'est au moyen de ce tracé qu'on trouve la coupe des moulures.

§ 3. POSE DES PLINTHES.

La plinthe est un feuillet de 9 à 10 centimètres de large, et 10 à 11 millimètres d'épaisseur, qu'on pose dans le bas des murs tout autour des appartements. Elle sert de guide pour la peinture et empêche de dégrader les plâtres avec le balai.

Avant de poser des plinthes, on doit regarder s'il existe dans le parquet du tassement ou des bosses. Alors, on ajuste la première plinthe à l'endroit le plus creux, afin de pouvoir régler en hauteur celles qui lui font suite. Pour ajuster la seconde plinthe, on prend avec la compas la hauteur qui excède la première et on fait une *traînée* (1) suivant cet excédant,

(1) On appelle *traînée* un trait fait au compas sur la plinthe. Quand on veut clouer une plinthe à l'endroit qu'elle doit recouvrir, on regarde s'il existe du jour entre elle et le parquet. On ajuste un compas à l'endroit où il y a le plus de jour, et on le fait glisser d'un bout à l'autre du mur sur le parquet, de manière à ce que la pointe qui est en l'air fasse un trait sur la plinthe. Ce moyen s'emploie toutes les fois qu'on veut ajuster et faire joindre de la menuiserie avec les murs. On atteint au ciseau ou à la scie le trait de la traînée, on met la plinthe en place et on la cloue au mur.

qu'on coupe avec la scie, ce qui les rend égales en hauteur. On doit s'attacher à ce qu'elles aient la même largeur d'un bout à l'autre.

Quand la plinthe est plus courte que la distance qu'on veut recouvrir, on place un des bouts contre la partie avec laquelle on veut l'ajuster et on fait une traînée au compas en prenant pour guide la partie où il y a le plus de jour. On coupe ce bout suivant le trait de traînée et l'autre bout d'équerre pour ajuster le morceau qui doit lui faire suite. Quand la plinthe est plus longue que la distance qu'elle doit recevoir, on coupe un des bouts suivant l'inclinaison du mur sur lequel on présente sa rive; on prend la longueur du mur où on doit la poser, au moyen de deux tringles qu'on fait coulisser l'une contre l'autre, et on reporte cette longueur sur la plinthe afin de la couper à la mesure voulue; on coupe enfin l'autre bout suivant l'inclinaison de l'autre mur, puis on la pose et on la cloue.

La coupe des plinthes qui se posent sur les portes doit se faire en sifflet du côté des ferrures, afin qu'elles ne nuisent pas au développement de celles-ci. Chaque fois qu'on rencontre des ressauts ou des parties saillantes, la coupe doit être d'onglet.

§ 4. POSE DES STYLOBATES.

Les stylobates sont des grandes plinthes ayant le double de la largeur de celles-ci ; leur épaisseur est quelquefois la même. On en fait de 27 millimètres sur lesquels on pousse une moulure qui sert d'ornement. Ils servent de limite pour la pose du papier ; la bordure suit le stylobate.

Leur pose ne diffère de celle des plinthes que parce qu'ils ont des moulures qui doivent se raccorder d'onglet dans les angles qui sont d'équerre et à fausse coupe dans ceux qui ne sont pas d'équerre.

Pour trouver la fausse coupe de deux moulures quelles qu'elles soient, on n'a qu'à en poser une à la place où on veut l'ajuster ; puis à poser l'autre sur le mur qui fait angle, de manière à ce que la seconde soit superposée sur la première. On tire un trait sur les moulures partant de l'angle extérieur formé par les murs, et allant à l'angle intérieur formé par l'épaisseur des moulures. Ce trait donne exactement la coupe.

§ 5. POSE DES CYMAISES.

Les cymaises sont des baguettes plates dont la forme varie selon le dessin donné par l'architecte. Elles ont ordinairement 6 centimètres de large, 15 millimètres d'épaisseur, un élégissement dans le milieu et une baguette demi-ronde sur chaque rive. Ces sortes de moulures se posent à une hauteur proportionnée à l'élévation du plafond, et marquent la limite de la peinture de soubassement qui se fait presque toujours en granit à partir de la plinthe. La bordure du papier se pose au-dessus de la cymaise.

L'ajustement des cymaises se fait toujours d'onglet ou à fausse coupe, parce qu'elles ont des moulures à faire profiler. Elles doivent être toutes de niveau. Quand on en ajuste sur des portes, on doit leur faire les coupes en sifflet comme aux plinthes. On pose des cymaises sur les portes qui sont noyées dans les murs; mais quand celles-ci ont des chambranles, les plinthes, les cymaises et les stylobates doivent s'arrêter au chambranle. Les plinthes ou les stylobates doivent *régner* avec la hauteur du soc du chambranle.

§ 6. POSE DES BAGUETTES D'ANGLE.

Les baguettes d'angle sont des morceaux de bois ronds plus ou moins gros, possédant une feuillure. Il s'en fait depuis 1 jusqu'à 3 centimètres de diamètre, par gradation de 5 en 5 millimètres. Elles se font à la mécanique et s'achètent chez le fabricant de moulures ; mais dans le cas où l'on voudrait les faire soi-même, on devrait s'y prendre ainsi :

Je suppose qu'on veuille faire une baguette de 15 millimètres ; on prend pour cela une planche de sapin ou de bois blanc de cette épaisseur ; on la dresse sur champ à la varlope, et on ajuste un bouvet de deux pièces afin de lui faire une feuillure de 10 millimètres carrés. Ensuite, on ajuste un trusquin à pointe suivant l'épaisseur de 15 millimètres afin de la refendre carrément. Aussitôt que la feuillure est poussée et la planche refendue, on l'arrondit à la demi-varlope et au rabot. On la finit avec du gros papier de verre.

On pose les baguettes dans des angles vifs tels que les embrasements de croisée ou de porte, ou les ouvertures à jour, communiquant d'une pièce dans une autre. Je suppose qu'on veuille en poser dans les angles d'une croisée qui se compose de deux montants et d'une traverse du haut. On commence par poser les montants qu'on coupe d'un bout d'équerre, afin qu'ils reposent sur les plinthes ou sur les stylobates, et de l'autre d'onglet, afin que le fond de l'onglet porte à l'angle haut de l'embrasement. On coupe ensuite la traverse d'onglet dans les deux bouts, afin que la coupe d'onglet s'ajuste exactement avec les deux angles de l'embrasement.

Pour couper les baguettes ainsi que toute espèce

de moulure d'appartement, on doit avoir une *boîte à couper* (1) d'équerre, d'onglet et à fausse coupe. On place entre ses côtés le morceau qu'on veut ajuster et on le scie d'équerre, d'onglet ou à fausse coupe. C'est ainsi qu'on coupe toute espèce de moulures.

Pour prendre les mesures de longueur, on doit se servir de deux tringles ou règles qu'on fait coulisser jusqu'à la longueur voulue. On ne doit pas les déranger en les portant sur les morceaux qu'on veut tracer à couper.

Pour clouer les baguettes d'angle ou autres moulures, on doit se servir de pointes fines, dites *à tête d'homme*.

(1) Cette boite se compose de trois morceaux de bois de 60 centimètres de long, 12 centimètres de large et égaux d'épaisseur; cette épaisseur varie de 25 à 30 millimètres. Un de ces morceaux forme le fond et les deux autres, qu'on cloue sur le fond, forment les côtés. On trace sur les côtés, à 20 centimètres de distance des bouts, un trait d'équerre et un autre d'onglet; on marque ces traits en dessus et sur les côtés, puis on donne des coups de scie en les suivant exactement jusqu'à ce qu'on soit arrivé au fond, qu'on doit éviter d'attaquer afin de ne pas endommager la boite. Quant aux fausses coupes, on trace et on scie la boite également jusqu'au fond, selon le besoin du travail, aussi loin que possible des autres coupes. On doit avoir des boites de plusieurs dimensions pour poser les grandes et les petites moulures. Elles rendent de grands services pour la pose et la façon de la menuiserie.

§ 7. AJUSTEMENT DES SIÈGES DE CABINETS D'AISANCES A FAUSSE COUPE.

On place souvent les cabinets d'aisances dans des endroits remplis de ressauts et de saillies et dont les angles sont tous à fausse coupe. Il est aussi difficile de prendre les mesures du siège que de l'ajuster.

Pour prendre la mesure d'un siège quel qu'il soit on se munit de tringles plates ou même de latte qu'on coupe chacune suivant les mesures de longueu et de largeur. Si le siège doit être rectangulaire, i suffit de quatre tringles, sinon, on doit en augmente le nombre par rapport à la coupe. Quand chaqu morceau est coupé de longueur d'après l'emplacemen qu'il représente, on les cloue les uns sur les autres de manière à en faire un châssis qui sert de calibr pour débiter le bois du siége et pour le construire puis, on présente ce calibre en place afin de s'assure s'il est bien en rapport avec l'emplacement.

Pour ajuster le siège, on prend la coupe des deu bouts avec la fausse équerre et la longueur avec deu tringles, puis on scie le morceau. Quand on peut scell le siège dans les plâtres, on fait bien de le faire; ce lui donne de la solidité et de la propreté. Autremen il faut clouer dans les angles des tasseaux arrond pour couvrir les jours qui pourraient exister par le retrait du bois.

Observations.

J'abrège, comme le lecteur peut le voir, les explications préliminaires, qui sont les mêmes pour toute espèce de menuiserie. Travailler son bois, l'établir, le tracer, faire ses tenons et mortaises, araser, faire sauter les épaulements, emmancher, cheviller, replanir et ajuster, c'est toujours le même travail préparatoire. Aussi me suis-je seulement attaché à expliquer chaque article. C'est pourquoi, je crois devoir engager de nouveau les apprentis et amateurs à consulter les dessins spéciaux de chaque ouvrage.

DEUXIÈME PARTIE.

UTILLAGE; NOM, FABRICATION ET ENTRETIEN DES OUTILS; BOIS DONT ON SE SERT LE PLUS HABITUELLEMENT POUR LEUR FABRICATION.

CHAPITRE Ier.

L'Établi (fig. 48, 49 et 50).

Je commencerai par l'établi, outil indispensable aux menuisiers.

L'établi est un instrument que l'on néglige souvent l'entretenir dans de bonnes conditions ; j'en parle par expérience. A mon grand regret, j'eus l'occasion de me servir de cette sorte d'outil dans un état déplorable, et que des patrons laissaient ainsi pour économiser le temps que l'on aurait passé à lui faire les réparations nécessaires. Eh bien ! je soutiens à ceux qui se servent d'un pareil outil, et ils sont nombreux, qu'ils sont dans une erreur complète, et je vais essayer de le leur prouver en peu de mots.

Avec un mauvais établi, il est impossible de bie dresser son bois en le corroyant, et difficile de fai tenir le valet dans les trous, soit pour mortaiser, so pour abattre des tenons. Ce qu'on met dessus port mal, et en frappant on sent un porte-à-faux très-gê nant. J'ai même vu des personnes qui n'avaient pa de presse pour serrer les planches que l'on a journe lement besoin de dresser et qui la remplaçaient pa un bout de bois nommé *crochet* ou *pied-de-biche.*

Ceux qui possèdent de tels outils, soit menuisier soit charron, soit carrossier, sont dans la plus grand erreur. Avec un bon établi, on travaille beaucou mieux, avec plus de courage, et l'ouvrage se fait beau coup plus vite. Je souhaite ardemment que mon avi soit écouté des personnes dont je parle et qu'elles remé dient à leur faute. On donne de préférence un mau vais établi à des apprentis, ce qui a l'avantage de le décourager et de leur faire prendre de mauvaises ha bitudes. Cet avis s'applique particulièrement aux maîtres de campagne qui ne s'attachent pas assez à avoir un bon établi.

Voici la manière de fabriquer un établi dans de bonnes conditions : on prend un plateau A, B, C, D, en bois de hêtre, ou tout autre bois dur au besoin, soit chêne, soit orme, ayant au moins 2 mètres de long, 50 centimètres de large et 10 centimètres d'épaisseur.

On le dresse en long et en travers, et surtout on le dégauchit bien. Pour cette opération, si on n'a pas le coup-d'œil assez juste, on fait deux règles, ayant chacune 60 centimètres de long, 8 de large et 2 d'épais seur; cette sorte de règle s'appelle *règle à dégauchir* on en place une sur champ à chaque bout et en tra vers du plateau, soit en AD, soit en CD, et on se me à l'un des deux bouts afin de regarder d'une règle à l'autre. Si l'on aperçoit qu'un angle est plus haut l'u que l'autre, on enlève du bois à l'endroit où la règl semble la plus haute. Il y a encore un moyen qu sert à la fois pour dresser et pour dégauchir. On pren une règle ordinaire un peu plus longue que la parti qu'on veut dresser, et surtout bien droite (1). On l place sur champ et d'angle en angle, de D en B et d A en C, sur le plateau qu'on veut dresser, pour voir s elle porte bien partout. Si on est droit et dégauchi elle adhère partout au plateau; si, au contraire, o a du gauche, on trouve du creux à deux des angle On doit les retoucher.

Quand le dessus est terminé, on dresse la plus bell rive de champ (la rive du devant de l'établi A'B') e

(1) Pour vérifier si une règle est droite, on la place sur une pla che bien rabotée et plus longue que la règle et on fait un trait le lo de la règle avec un crayon taillé bien fin; puis, on retourne la règ sur une autre face, on place le bord sur le trait et on en fait un a tre. Si ce second trait ne recouvre pas exactement le premier, il ind quera si on est en retrait, en saillie ou en rond et on devra redress la règle jusqu'à ce qu'on soit arrivé à ne faire qu'un seul trait la présentant sur une face ou sur une autre.

mettant bien d'équerre, ensuite on tire de large le ssus de l'établi en prenant pour mesure la partie la us étroite du plateau. On ne doit le tirer d'épaisur qu'à l'emplacement des pieds EE, par raprt à l'assemblage; cet emplacement doit toujours re à 20 centimètres des bouts. On coupe son établi en d'équerre afin d'y rajouter des emboîtures ou ndes F, F'; leur largeur est en rapport avec l'éisseur de l'établi et leur épaisseur de 30 à 35 millitètres. Ces emboîtures servent à deux choses : ralnger l'établi et l'empêcher de se fendre et de se jeter.

Pour tirer d'épaisseur l'emplacement des pieds ou s mortaises, *en dessous* de l'établi, on trace au trusin un premier trait à 20 centimètres du bout, comme viens de l'expliquer. On rajoute la largeur du pied on trace à cette place un second trait qui sert de ide pour donner un coup de scie en travers de l'ébli, jusqu'à ce qu'on ait atteint les traits de trusin qui indiquent l'épaisseur voulue. Ceci fait, on lève le bois des rives au ciseau, puis au guillaume on finit le milieu avec une varlope.

Pour tracer et faire les mortaises des pieds, on uste un trusquin d'assemblage en rapport avec l'éisseur du pied, et on le passe de chaque côté dans partie dressée. Les mortaises des pieds doivent traverser, et les pieds affleurer avec le devant et le derrière de l'établi.

Les pieds G G' doivent avoir 80 centimètres de long, 17 de large et 9 d'épaisseur. La longueur des traverses H est indiquée par le tracé du dessus et l'emplacement des pieds, leur largeur est de 8 centimètres, leur épaisseur de 4 centimètres, le tout doit être en bois de hêtre ou autre bois dur. La manière de travailler ces bois est la même pour toute espèce de menuiserie.

Quand tout est travaillé, on établit pour tracer les mesures. Les voici : l'établi doit avoir en tout 80 centimètres de hauteur ; les tenons des pieds et des traverses ne doivent avoir qu'un arasement sur le devant ; c'est ce qu'on appelle des *tenons bâtards*. Il est utile de cheviller le *châssis*, c'est-à-dire les pieds et les traverses, et de ne pas cheviller les pieds et le dessus. Il faut les assembler le plus juste possible, à grands coups de marteau de forge, et surtout faire serrer les tenons sur la largeur. Pour arriver à ce résultat, on n'a qu'à faire les mortaises 1 millimètre plus étroites que la longueur du pied et à abattre un chanfrein autour du tenon pour le forcer à entrer dans sa mortaise. Tous ces objets emmanchés, on prépare des tasseaux qu'on cloue dans le bas des traverses pour fixer le fond de l'établi. Ce fond doit être en travers, com en longueur et dressé à plat, joint et posé simplement sur des tasseaux. On fait ensuite une entaille I dans le dessus de l'établi pour la *griffe* ou *crochet* J J'; cette entaille est transversale et de 6 centimètres carrés. On perce trois trous pour le valet X ; l'un au milieu de la largeur de l'établi K, distancé de manière à ce qu'il vienne pincer au bord de l'établi afin de pouvoir refendre des morceaux étroits ; les deux autres L L' de manière à ce qu'ils pincent au-dessus des pieds, afin de mortaiser et de donner des coups mieux assurés.

Je termine cet article en donnant les explications nécessaires pour organiser la presse M.

On tire une ligne de centre dans toute la longueur du pied sur lequel elle doit être fixée et on trace un diamètre en rapport avec le collet de la vis O. Le trou N doit être à 25 centimètres du dessus de l'établi. L'écrou de cette vis P se fixe derrière le pied avec deux vis à tête ronde ou deux pointes. Sur cette même ligne de centre, on perce un autre trou carré Q pour la coulisse R qui sert de guide d'écartement à la presse. Ce guide doit avoir 35 millimètres carrés; par conséquent, le trou sera un peu plus grand afin qu'elle puisse glisser plus facilement. On perce sur ce guide, avec une mèche de 1 centimètre de grosseur, des trous distancés de 3 centimètres. On ajuste une *broche* ou goupille en fer S ayant au bout un anneau S', comme les pitons, afin de pouvoir attacher une ficelle dans cet anneau et la fixer en S″ avec une pointe au pied de l'établi pour éviter de la perdre. On se sert de cette broche pour la mettre dans les trous du guide, selon l'écartement qu'on désire.

Quant à la *mâchoire* TT′ ou montant de la presse, elle doit être, à quelques centimètres près, aussi longue que l'établi est haut. Sa largeur est de 20 centimètres et son épaisseur de 45 à 50 millimètres. On trace sur cette pièce, comme sur le pied, une ligne de centre et on perce le trou de la vis à la même hauteur et de la même grosseur qu'au pied. On doit mettre la plus grande précision à emmancher l'entaille ou mortaise VV′ du guide pour ne pas la faire traverser. Pour qu'il ne puisse plus sortir, on donne un coup de scie au tenon afin d'introduire un coin V en emmanchant, et on a toujours soin que la pression se fasse sur le bois de bout. Ces moyens d'assemblage dispensent de la colle et des clous.

Pour entretenir l'établi, il faut le redresser au moins une fois par an et éviter de lui donner des coups de ciseau, de gouge et de hache. Il doit toujours être droit et propre.

CHAPITRE II.

Le Valet de l'Établi (fig. 48, X).

Cet outil est en fer forgé. Il sert à tenir en respect les objets qu'on veut travailler sur l'établi, soit pour scier, soit pour mortaiser. Pour cela, on n'a qu'à l'introduire dans le trou de l'établi K et à frapper deux ou trois coups de maillet sur la partie la plus haute. Chaque partie a un nom différent. La partie longue se nomme *tige* depuis la base jusqu'au haut que l'on nomme *collet*. Les parties qui dépassent l'établi, quand il y est introduit, ont des noms différents. L'extrémité qui pince se nomme *panne*, la partie où l'on frappe pour le faire pincer se nomme *dos*, et celle où l'on frappe pour lui faire lâcher prise se nomme *talon* ou *tête*.

CHAPITRE III.

Le Maillet (fig. 51 et 52).

Le maillet est un outil en bois qu'on fait soi-même. Voici les instructions nécessaires à sa fabrication : On prend un morceau de frêne ronceux ou d'orme noueux ABCD (on choisit ces bois de préférence parce qu'ils ne fendent pas facilement). On le coupe de 15 centimètres de long et autant de large et on lui laisse 70 millimètres d'épaisseur. Quand cette pièce est taillée d'après ces dimensions, on trace des lignes d'angle en angle, dont l'intersection indique le point milieu, où l'on perce un trou I pour le manche. Ce trou se perce avec une tarière ou une mèche de 23 à 25 millimètres de diamètre. Il faut autant que possible le percer en une seule fois, parce que si on le perce en plusieurs, on risque à ne pas le faire droit, et cela fait souvent casser le maillet. Quand le trou est percé, on tire tout autour une ligne de centre EF partant du milieu du trou. Ensuite on écarte un compas de 75 millimètres dans le haut et 70 dans le bas, ce qui donne au maillet une forme conique AG, CG qu'on régularise au moyen de la scie ou du rabot. Puis avec ce compas qu'on place à plat du maillet, sur la ligne de centre et le plus bas possible, on tire dans le haut une circonférence I E H qui l'arrondit tant soit peu. On creuse le bas dans les mêmes proportions. J'appelle bas le côté où le manche dépasse. Quand on a arrondi le haut et creusé le bas, on arrondit les côtés que l'on a coupés en forme conique.

Après cela, il ne reste plus qu'à emmancher le plus fort possible le manche qui doit être en frêne blanc ou en cornouiller et bien de fil. On le coupe de longueur, on le dresse et on l'arrondit à la grosseur du trou. Quand il a traversé le maillet, on le fend d'un coup de ciseau à l'extrémité supérieure, afin d'y mettre un coin K qui l'empêche de se démancher. Ce coin doit être placé de manière à faire pression sur le fil du bois, sans quoi il ferait fendre le maillet. Le manche doit avoir plus de 20 à 25 centimètres de longueur ; du reste, cela est facultatif.

CHAPITRE IV.

L'Affûtage.

On entend par affûtage la *grande varlope* (fig. 53 et 54), la *demi-varlope*, appelée aussi *riflard* (fig. 55 et 56), le *rabot* (fig. 57 et 58) et les *guillaumes* (fig. 59 et 60).

Voici la manière de les fabriquer et de les entretenir. Pour faire la grande varlope, il est nécessaire de prendre un morceau de bois de cormier de 72 centimètres de long, qui, fini, n'a plus que 70 centimètres ; sa hauteur est de 75 millimètres et la largeur de 70. Il faut corroyer cette pièce avec toute la précision possible ; elle doit être bien droite et bien dégauchie. Le morceau de bois qui sert à faire la poignée doit avoir 25 millimètres d'épaisseur.

Après avoir convenablement préparé ces bois, on trace la lumière de la manière suivante :

On tire tout autour de la varlope, que l'on retourne à l'équerre, un trait AB qui la divise également en hauteur, et un autre CD qui la divise également en longueur. On prend une équerre onglet, c'est-à-dire à 45 degrés (fig. 64), pour tirer une autre ligne EF passant au centre des traits obtenus. On déduit sur ce trait l'épaisseur du fer G, soit 5 millimètres en moins de l'onglet, parce que la coupe de 45 degrés serait tro allongée et ferait déchirer le bois en le travaillant.

Pour ceci, il est bon de savoir que la coupe du ra bot est exactement la même que celle de la varlope Le riflard ou demi-varlope, ne diffère que par le tra dont je parle et qui, pour lui, peut être d'onglet Plus la coupe d'un outil est allongée, mieux il coup et moins on fatigue ; mais aussi il est bien plus diff cile de travailler le bois proprement. Voilà pourqu la coupe de la grande varlope et celle du rabot diff rent de celle du riflard : celui-ci sert à dégrossir, les deux autres à terminer proprement.

Avant de finir cette explication, je dois parler d contre-fer H et de son utilité. C'est au moyen du co tre-fer qu'on empêche le bois travaillé à rebours d se déchirer. Il faut qu'il soit bien ajusté sur le fer qu'il porte bien partout, sans quoi le copeau pas entre eux et rend la marche de l'outil impossible. C trouve chez le quincaillier des fers munis de le contre-fer ajusté et à vis, mais, comme ces fers so beaucoup plus chers que les autres, si l'on veut vis à l'économie, il est bon de savoir les ajuster soi-mêm En voici les moyens : On prend un fer usé, on cintre un peu avec la panne du marteau et on l'ajus avec une lime jusqu'à ce que le cintre qu'on lui donné et le coin I, en le serrant contre le fer, le fasse orter partout. Les coins d'outil se font en bois très-ur. Il faut qu'ils entrent bien juste sur la largeur et ur l'épaisseur et qu'ils serrent davantage dans le bas ue dans le haut, afin d'empêcher l'outil de brou-er (1). Tout ceci s'apprend par l'expérience.

Revenons maintenant à la manière de percer la umière de la grande varlope.

Quand on a tiré le trait de coupe du fer E F, en essus et en dessous, on tire en dessus un second trait E à 2 centimètres de distance du premier et en re-ulement du bout opposé à la poignée. Ce trait sert à arquer l'épaisseur du fer, du contre-fer et du coin. n tire un autre trait F K d'équerre avec le trait de essous qui marque l'ouverture de la lumière. On rend ensuite la largeur du fer G, afin de faire l'ou-erture du fer et du coin, juste de manière à laisser chaque côté des joues L bien égales d'épaisseur. n ajuste un trusquin à pointe sur le trait donné par largeur du fer, et on le passe en-dessus et en-des-ous. Ceci fait, on l'écarte d'un centimètre pour faire n second trait de M en N, afin d'obtenir une joue our le coin et la pente d'ouverture de la lumière.

La lumière étant tracée, on la perce de la manière uivante :

(1) On dit qu'un outil *broute* quand il fait des soubresauts et des uosités au bois.

On fait une mortaise de chaque coté des deux trai MN en commençant du côté aplomb FK, et on creus aussi profond que possible en ayant soin de ne pa dépasser les traits KF, EE. On fait sauter ensuite a ciseau ce qui reste entre les deux mortaises MN ; pu on retourne la varlope et on donne des coups de m che pour finir de traverser à jour la lumière que l'o termine au ciseau. Puis, on prend une scie à mai ou *scie à chantourner* que l'on démonte d'un bo pour pouvoir l'introduire, et on donne des coups scie suivant les traits indiqués KF, AB, EE, pour place du coin et l'agrandissement de la lumière da le fond. On enlève le bois au ciseau et on finit le res à la lime.

Quand la lumière est terminée, on ajuste le fer le contre-fer ainsi que le coin, qui doit entrer bi juste en largeur et en épaisseur et serrer plus dans fond que dans le haut, afin d'empêcher le fer de cri en coupant et les copeaux de passer entre les deux fe

La lumière du riflard et du rabot se perce de même manière que celle de la grande varlope.

La poignée P se fait de la manière suivante : prend un morceau de cormier le plus dur possib ronceux si cela se peut ; on le corroie à 25 millimèt d'épaisseur et on le dresse d'équerre d'un côté. prend ensuite son calibre, si l'on en a un, sinon poignée d'une varlope que l'on démonte afin de s de calibre. Cette poignée est tenue par une vis O entaillée à queue dans le fond de 2 centimètres. pose le calibre ou la poignée sur le morceau que n vient de corroyer et on indique la forme de la ignée au moyen de traits. Le reste est bien simple. chantourne avec la scie tous les traits extérieurs après avoir percé un trou de mèche dans l'intérieur, se sert de la même scie que l'on démonte afin de itroduire pour chantourner, puis on finit le reste ec une râpe et une lime douce. Quand la poignée emmanchée dans la mortaise Q, on la termine avec papier de verre. On fait de même les poignées des ux varlopes.

Ici un conseil avant de terminer : Quand ces sortes utils sont achevés, il faut les imbiber d'huile avec chiffon, afin de conserver le bois et de l'empêcher se fendre.

l me reste à parler du guillaume. Il y a plusieurs tes de guillaumes qui chacun ont un nom et un ploi particuliers (voir les préliminaires) : le *guil-me de fil* qui fait partie de l'affûtage, le *guillaume bout*, le *guillaume de côté*, le *guillaume à queue* et *uillaume à plate-bande*.

'ous ces outils doivent être en bois de cormier le s beau possible. On doit avoir, pour être bien nté, ce qui est fort utile, des guillaumes larges et étroits et plus longs les uns que les autres. Je con seille de faire acquisition des fers avant de travaille le bois ; ils servent de guide pour l'épaisseur que do avoir l'outil. On doit particulièrement s'attacher employer pour ces outils du bois bien sec et bien d fil, parce qu'ils sont tranchés par la coupe du fer, qui les affaiblit et les fait se gauchir.

Voici comment on les fait : On coupe des pièces d bois de 25 à 30 centimètres de long, 12 centimètr de large et 25 à 30 millimètres d'épaisseur. Quan ces morceaux sont bien corroyés et surtout bien d gauchis, on coupe les bouts carrément, puis on tra la coupe du fer G et du coin I. La coupe du guillaum de fil est exactement la même que celle de la gran varlope et du rabot, c'est-à-dire qu'elle suit la lig EF. On tire ensuite une seconde ligne AF dans haut, correspondant avec l'épaisseur du fer dans bas, et une troisième BE, écartée en haut de 25 mil mètres, pour la largeur du fer et du coin. Cette c verture B'E' se fait en rapport avec la tige du fer q doit prendre au plus le tiers de l'épaisseur du bo Elle se fait comme une mortaise, mais, comme e est très-difficile, je dois indiquer les meilleurs moye de s'y prendre. On remarque dans le dessin du gu laume qu'il y a un trou C, qui est la lumière de l'ou et qui sert au passage du copeau. Ce trou ne doit percer qu'après la mortaise pour ne pas éclater le bois.

Pour bien percer cette mortaise, on trace les traits de coupe F E et F B sur les côtés de l'outil avec un crayon ou de la pierre noire bien visible ; ce qui sert de guide pour donner un coup de mèche dans la mortaise suivant la pente. Ensuite on fait l'ouverture avec un bec-d'âne de grosseur suffisante et un petit ciseau. Quand cette mortaise est achevée et qu'on a atteint bien juste les traits, on perce le cylindrique de la lumière C avec une mèche *dite anglaise* ou *à point de centre,* de 25 à 26 millimètres de diamètre et à 28 ou 30 millimètres du bas. Ce trou étant percé, on l'arrondit de chaque côté, de manière à forcer le copeau à sortir, puis on donne un coup de scie dans le bas pour faire la place du fer.

Cette ouverture ne doit avoir en plus du fer que l'épaisseur d'un copeau, parce qu'elle s'agrandit toujours trop vite. On voit, d'après le dessin, que cette coupe va en s'élargissant dans le haut, ce qui fait que chaque fois qu'on dresse l'outil, on agrandit la lumière. Quand la lumière est terminée, on ajuste le fer et le coin I, qui, comme celui de la varlope et du rabot, doit serrer plus dans le bas que dans le haut, afin d'empêcher le fer de crier en coupant. On donne au haut du coin, la forme représentée par le dessin, et, le guillaume fini, on le passe à l'huile.

La différence qui existe entre le *guillaume de fil* et le *guillaume de bout* est toute dans la coupe. Ce dernier doit avoir 12 à 15 millimètres en moins de l'onglet, afin de ne pas déchirer le bois, parce que c'est avec le guillaume de bout qu'on finit proprement les feuillures ou élégissements. La manière de le tracer et de percer la lumière est exactement la même que pour le guillaume de fil.

Le *guillaume de côté* ne diffère que par la coupe, qui est en pente au lieu d'être d'équerre, et parce que le fer coupe sur le côté droit au lieu de couper en-dessous. Ce guillaume sert pour élargir les élégissements et les feuillures où le rabot et les autres guillaumes ne peuvent pas passer.

La coupe du *guillaume à queue* est la même que celle du guillaume de fil; seulement, au lieu d'être d'équerre en-dessous, il a une forte pente. Il sert particulièrement pour les entailles de barres à queue qui s'emploient aux portes pleines et aux contrevents, et pour les coulisses de table à rallonges.

Le *guillaume à plate-bande* diffère des autres guillaumes en ce qu'il est à joues. Il sert à faire des élégissements sur les rives des panneaux; on l'emploie plus particulièrement pour les raccordements d'ancienne menuiserie.

CHAPITRE V.

Équerres diverses à l'usage de la menuiserie. Leur nom, leurs usages, leur fabrication et leur entretien.

Je parlerai d'abord de l'équerre à corroyer (fig. 61) qui sert à travailler le bois. Il est de la plus grande nécessité que cette équerre soit juste, car il faut particulièrement s'attacher à bien corroyer le bois, afin que, quand il est assemblé, il ne déverse ni à gauche, ni à droite. A cet effet, je conseille aux ouvriers qui tiennent à exécuter soigneusement les travaux qui leur sont confiés, de faire la dépense d'une équerre en acier. Elle a l'avantage de ne jamais se fausser, tandis que l'équerre en bois pèche par son manque de justesse. Quant à ceux qui veulent faire eux-mêmes leur équerre en bois, ils devront l'exécuter ainsi :

On prend un morceau de bois bien dur et bien de fil, on le corroie à 25 millimètres de largeur, 15 millimètres d'épaisseur et 30 centimètres de longueur. Quand ce morceau est corroyé, on le coupe de manière à avoir une tige de 20 centimètres de long et l'autre de 10, puis on les ajuste l'un sur l'autre le plus exactement possible par un assemblage à queue d'aronde. Quand cet assemblage est fait, on colle l'équerre et on l'ajuste en la collant. Il faut avoir plusieurs genres d'équerre de cette sorte pour les gros et les petits bois.

Vient ensuite l'*équerre triangle* (ou simplement *triangle*) (fig. 62 et 63) qui sert pour tracer. On en a aussi de différentes grandeurs. Les plus grandes servent particulièrement à tracer les panneaux et toute espèce de parties pleines, telles que portes et soubassements ; on emploie les autres pour les travaux d'assemblages. Chaque fois qu'on exécute un travail précieux, on doit vérifier son équerre et s'assurer si elle est bien juste.

Pour fabriquer ces sortes d'outils, on s'y prend de la manière suivante : Etant donné pour exemple le triangle servant à tracer les assemblages, on prend un morceau de cormier bien sec et surtout bien de fil ; on le coupe à 25 centimètres de long et on le travaille à 60 millimètres de large et 18 d'épaisseur. Ce morceau A se nomme tige. On coupe ensuite la lame B à 30 centimètres de long, 70 de large et 8 ou 9 millimètres d'épaisseur. Les bois ainsi préparés, on dresse le bout de la lame et celui de la tige au bois à dresser (1), puis on fait un enfourchement dans un des bouts de

(1) On appelle *bois à dresser*, un outil servant à dresser le bois de bout pour l'empêcher d'éclater sur les rives.

la tige, juste de l'épaisseur de la lame et de 60 millimètres de profondeur, de manière à ce que la lame dépasse de 10 millimètres le bout de la tige. Cet excédant C est réservé pour l'ajustement de l'équerre, afin de ne pas atteindre le bois de bout qui ainsi pourrait éclater.

Voici la méthode à suivre pour tracer l'enfourchement et pour le faire sauter : On prend le milieu de l'épaisseur de la tige et le milieu de l'épaisseur de la lame, on reporte le compas sur le point milieu de la tige et on trace les deux milieux de chaque côté du point. On ajuste un trusquin à pointe sur les deux points indiqués et on le passe de chaque côté et en bout. Ceci fait, on place la tige dans la presse de l'établi, et on donne un coup de scie à chaque trait, en laissant la ligne du trait à la joue qui reste. On fait sauter ensuite le milieu avec un petit ciseau ou un bec-d'âne, en ayant soin de percer bien juste et bien droit les deux traits correspondants de chaque côté, afin de faire un point d'appui pour y adapter exactement la lame. Ensuite on colle l'un avec l'autre et on les ajuste en les collant; au bout de quelques heures, la colle tient solidement. Il ne reste plus qu'à nettoyer la colle, polir la pièce et la passer à l'huile. Ce procédé est le même pour les grandes comme pour les petites équerres.

L'équerre onglet (fig. 64 et 65), qui sert pour la coupe et le raccordement des corps de moulure d'équerre, se fait de la manière suivante : On commence par blanchir proprement un bout de volige A B C D assez grand pour tracer le plan de l'équerre qu'on veut faire. Ceci fait, on dresse la planche sur champ, on tire une ligne longitudinale et sur cette ligne C B une demi-circonférence C E B. Puis, au moyen du compas qu'on reporte, sans le changer, sur la demi-circonférence, on marque les deux points F G, qui la partagent en deux parties égales. E, centre de la demi-circonférence, partage également la distance F G. Ensuite on tire un trait de G en B et un autre de C en G, ce qui donne le triangle C G B, ouverture des lames ; enfin un troisième trait de E en C qui donne la coupe d'onglet.

Après avoir tiré ces lignes, on en trace une de I en H, haute de 15 à 20 millimètres au-dessus de celles déjà tirées, et on rajoute en plus 7 à 8 millimètres afin de donner de la force aux lames L L et de les faire entrer dans la rainure de la tige T. C'est au moyen de ces traits qu'on trace la lame ; elle doit être en deux morceaux, avoir de 7 à 8 millimètres d'épaisseur et être entaillée à moitié bois de G en K et de G en M. Quand les deux morceaux de la lame sont collés, on s'occupe de la tige ou conduit qui doit avoir 30 millimètres de large et 20 d'épaisseur. Après l'avoir corroyée, on donne un coup de bouvet au milieu de l'épaisseur, de manière à noyer la lame dans la tige de I en J. La tige doit être de 10 millimètres plus courte que la rive de chaque bout, dont l'un O est d'équerre et l'autre P d'onglet. On laisse dépasser la lame de chaque bout, ainsi que dans le triangle, pour l'ajuster si elle se dérange. L'équerre onglet sert à trois choses : corroyer (soit de C en G et en B), tracer d'équerre (soit de E en H et en B), et tracer d'onglet (soit de C en E et en H). Quand la lame est bien préparée, la rainure poussée dans la tige et les bouts M N, K R coupés, comme je l'ai indiqué, on colle la lame dans la rainure en la laissant dépasser autant d'un bout que de l'autre. Quand l'équerre est sèche, on la nettoie, on la polit et on la passe à l'huile après l'avoir vérifiée pour s'assurer si elle est juste intérieurement et extérieurement.

Les traits ponctués *longs* de la figure 64, indiquent la rainure de la tige et de la coupe de jonction des deux lames ; les traits ponctués *ronds* indiquent les lignes de construction.

La *fausse équerre* (fig. 66 et 67), plus connue sous le nom de *sauterelle*, sert particulièrement à prendre toute espèce de fausse coupe.

Sa fabrication est très-simple. On corroie trois lames A B C ayant chacune 30 centimètres de long,

35 millimètres de large et 7 millimètres d'épaisseur. Ces morceaux étant préparés, on coupe D, partie de la lame B, beaucoup en biais et presque d'onglet de E en F et on la colle à l'extrémité M entre les deux autres A C, afin d'empêcher le collage de déverser. Une fois qu'il est sec, on s'assure si la lame mobile du milieu B est bien à sa place. On prend ensuite, à l'extrémité opposée à M, le milieu de la largeur des tiges A C en G, on ajuste le compas au point obtenu G et on tire une demi-circonférence H K I; puis on retourne ses traits de centre afin de faire le même tracé en dessus et en dessous, bien en face l'un de l'autre. Après cela, on perce un trou en G de 2 millimètres de diamètre, afin d'y passer une pointe qui sert de charnière, on ajoute deux rondelles J J en cuivre rouge, l'une en dessus, l'autre en dessous et on en abat les bords L L en chanfrein. Cela fait, on arrondit les bouts de la fausse équerre en M et en K et on l'ouvre afin de s'assurer si elle est assez serrée dans ses rivets et si le trou de la goupille G est percé bien au centre. Quand on s'est assuré que tout est bien exact, on passe au papier de verre et à l'huile.

La *pièce carrée* ou *équerre à dessin* (fig. 68 et 69) est plate et de 25 centimètres de long, 20 de large et 5 à 6 millimètres d'épaisseur. On en fait aussi de 3 ou 4 millimètres d'épaisseur, quelquefois 2. Elle doit être bien d'équerre sur deux faces et coupée d'angle en angle sur l'autre rive. Il s'en fabrique de toutes les grandeurs. On s'en sert particulièrement dans la menuiserie pour s'assurer si on est bien d'équerre en chevillant et en collant. Cette pièce doit être en beau cormier bien sec ; elle a un trou à son milieu qui sert à mettre le doigt.

Avant de terminer ce chapitre, il ne sera pas inutile de parler du *té* (fig. 70 et 71), instrument de mathématique dont se servent les dessinateurs et que tout bon menuisier peut avoir à faire. On le fait de la manière suivante : on prend un morceau de cormier ou de noyer de 50 centimètres de long, 60 millimètres de large et 12 d'épaisseur, c'est ce qu'on nomme *tige* ou *conduit* A. On en prend un autre, ayant la même largeur, 60 ou 70 centimètres de longueur, et 4 millimètres d'épaisseur ; c'est ce qu'on nomme *lame* B. Ces deux pièces étant préparées, on prend le milieu de la longueur de la tige et le milieu de la largeur de la lame, qu'on reporte de chaque côté du trait milieu de la tige et on déduit 1 millimètre et demi de chaque côté pour la pente que doit avoir la lame pour entrer *à queue* ou *à coulisse* dans la tige. On passe le trusquin d'épaisseur de la lame au dessus et en dessous de la tige, et on donne de chaque côté du trait un coup de scie en pente, en ayant bien soin de laisser le trait à la partie restante et n de l'enlever. Ensuite on enlève le bois de cette taille en atteignant juste les deux traits, on abat pentes à la lame et on l'emmanche pour s'assure sa coupe est bonne, puis on la colle.

On fait aussi les tés d'une autre manière : On f simplement la lame sur la tige avec une vis à t ronde et une rondelle de cuivre en dessous. Ce moy est très-bon parce qu'on peut régler ces outils cha fois qu'on s'en sert, et, avec la même tige, se ser de diverses lames de différentes longueurs. On l'a pelle *té à lame mobile* (fig. 72).

Le *pistolet* (fig. 73) est un morceau de bois plat 3 à 4 millimètres d'épaisseur, formant sur cha face des cintres différemment découpés, afin d'ai le dessinateur à tracer des courbes qu'il serait diffic de trouver par des points de compas.

CHAPITRE VI.

Trusquins; leurs usages et leur fabrication.

Les trusquins (fig. 74 et 75) se composent de trois ;es qui chacune ont un nom différent; la pre-re A se nomme *tige*, la seconde B, *conduit* ou *le*, et la troisième C, *clef*. Ils ont eux-mêmes deux ns différents : *trusquins à pointe* et *trusquins d'as-blage*. On se sert spécialement du trusquin à pointe r tirer de largeur et d'épaisseur les bois qu'on t corroyer, et du trusquin d'assemblage pour in-uer les tenons et mortaises des diverses grosseurs bec-d'âne que l'on a à faire.

Voici la manière de les fabriquer : pour la tige, on nd un morceau de bois de 30 centimètres de long le 22 à 25 millimètres carrés; pour le guide, un 7 à 8 centimètres carrés et de 18 à 20 millimètres paisseur; pour la clef, la largeur et l'épaisseur de mortaise D qu'on perce dans le conduit en donnent dimensions.

Après avoir corroyé la tige et l'avoir entrée dans guide, on y met des pointes dans le bout, suivant l'age qu'on veut en faire. Le guide étant corroyé, on perce, à son milieu et d'un bout à l'autre, une o verture à jour de la grosseur juste de la tige qui d s'y coulisser, puis on trace et on perce sur son chan une mortaise qui doit traverser, pour le serrage de clef sur la tige, ce qui l'empêche de se déranger qua elle est ajustée. Voici comment on trace et on f cette mortaise : on tire un trait d'équerre sur la par plate du guide, de manière à appuyer de 2 à 3 m limètres sur la tige ; puis un autre en reculement 20 millimètres au-dessus et de 15 au-dessous, ce q donne à la clef une forme conique qui la fait ser convenablement. Cette mortaise ne doit avoir que tiers de l'épaisseur du conduit, de manière à ce qu reste de chaque côté une joue aussi forte que mortaise elle-même. Pour bien percer cette pet mortaise qui est assez difficile, on la commence au b d'âne et on donne des coups de mèche, autant q sa longueur peut le permettre, en ayant bien soin suivre exactement les traits. Quand elle est percée, la remplit avec un morceau de bois sacrifié pour perc l'entaille du guide, afin d'éviter de faire éclater le bo

On doit se servir des mêmes moyens chaque f qu'on fait ces sortes d'outils ; il s'en fait de divers formes et de diverses manières, mais le moyen q j'indique est le plus simple et le meilleur.

CHAPITRE VII.

Bouvets de toutes sortes, servant à la menuiserie et à l'ébénisterie. Leurs noms et usage. Leur fabrication.

Les bouvets servent à assembler, à creuser les rainures, les languettes, les feuillures et à bien d'autres usages, selon les outils qu'on y adapte. Nous les diviserons en trois classes, en commençant par la plus élémentaire, les bouvets simples; viendront après les bouvets doubles et les bouvets à deux pièces.

§ 1. *Bouvets simples* (fig. 76, 77 et 78).

On doit en avoir de plusieurs dimensions pour les diverses épaisseurs de bois que l'on a à travailler. Ils varient de 5 en 5 jusqu'à 45 millimètres (1). Ceux de

(1) Avant l'établissement du système décimal, on appelait les bouvets de 5 millimètres bouvets de 3 lignes, ceux de 10 millimètres bouvets de 6 lignes, ceux de 15 millimètres bouvets de 9 lignes, ceux de 27 millimètres bouvets de pouce, etc. Ces dénominations subsistent encore aujourd'hui chez beaucoup de menuisiers. Je vous engage à ne jamais parler que par centimètres et millimètres, et à vous initier seulement aux lignes et pouces, afin de comprendre ceux qui vous en parleront.

petite dimension jusqu'à 15 millimètres servent à joindre à rainure ou à languette les différents panneaux ; les autres à joindre les parties pleines, telles que portes, soubassements de devanture et parquets, dont les épaisseurs varient de 25 à 40 millimètres.

Leur coupe est exactement la même que celle des bouvets doubles ; seulement, on peut se dispenser de rapporter des joues, vu que la force du bois qu'on travaille permet de les prendre dans le morceau même. Quand aux bouvets qui servent à joindre les parquets et les planchers de 27 à 35 millimètres d'épaisseur, comme ce travail est très-fatigant, on leur ajoute une poignée dans le genre de celle des varlopes et on y perce un trou à l'avant afin de pouvoir y passer une broche en fer. Au moyen de cette broche, on peut travailler à deux ; l'un tire et l'autre pousse.

Pour faire ces bouvets on se procure le fer chez le quincaillier, et, d'après la force que nécessite sa largeur, on débite un morceau de bois de cormier le plus beau et le plus sec possible. On le coupe à 25 cent. de longueur et 9 de largeur. L'épaisseur se compose de celle du fer et de celle de la joue ; celle-ci doit être épaisse de 8 à 9 millimètres et saillante de 6 à 7. Quand le bois est corroyé, on le trace à couper d'équerre dans les deux bouts. Ensuite on prend le milieu de la longueur et de la largeur, comme on le fait pour les varlopes et on donne à la coupe du fer la même pente qu'à celles-ci, c'est-à-dire, 3 ou 4 millimètres en moins de l'onglet. On rajoute à cette coupe dans le haut et sur le devant 20 à 25 millimètres pour l'épaisseur du fer et du coin. Dans le bas, on met 2 millimètres et demi en plus de l'épaisseur du fer, pour la lumière, et quand le coin est ajusté, on le coupe en biseau pour former la lumière et faciliter la sortie du copeau. Ceci fait, on place dans le haut une bande A de 35 millimètres de large et 6 d'épaisseur, coupée en longueur à fleur des bouts du bouvet et abattue en chanfrein à son extrémité inférieure. Elle pose en recouvrement sur le fer et le coin, dans la partie opposée à la joue. Il ne reste plus alors qu'à arrondir les angles de l'outil, le polir et le passer à l'huile.

§ 2. *Bouvets doubles ou à joindre à rainure et à languette* (fig. 79 et 80).

On appelle *bouvet double* un outil composé de deux bouvets simples placés en sens contraire, comme l'indique le dessin. Ces sortes d'outils sont doubles jusqu'à 15 millimètres d'épaisseur; au-dessus de cette dimension on les fait simples, parce qu'ils seraient trop embarrassants à pousser. On s'en sert principalement pour assembler des panneaux dont les planches entrent les unes dans les autres.

Leur épaisseur est celle des deux fers, plus la joue du milieu B qui doit être de 1 centimètre. Leur coupe est la même que celle des bouvets simples et, par conséquent, des varlopes. Les fers s'achètent chez le quincaillier : l'un est double et laisse entre ses deux branches un espace qui sert à la place de la languette; l'autre, qui creuse la rainure, est simple et doit entrer exactement entre les deux branches du fer qui creuse la languette. On écarte ou on rapproche les deux branches du fer double jusqu'à ce que le fer simple s'ajuste exactement entre elles et on a soin de les faire affleurer, ce qui est de la plus grande nécessité. Pour le reste, tout se fait comme pour le bouvet simple.

Quand tout est terminé, on essaie l'outil. A cet effet, on prend deux petites planches, on pousse à l'une la rainure et à l'autre la languette, puis on les réunit toutes deux et on les emmanche pour voir si elles affleurent bien. J'observerai ici que la rainure doit toujours être plus profonde que la languette de 1 millimètre, sans quoi les bois ne joindraient pas exactement.

§ 3. *Bouvets de deux pièces* (fig. 81, 82 et 83).

Je commencerai par donner les divers noms de ces bouvets; de cette manière, mes explications seront moins difficiles à comprendre.

Ceux qui servent à faire les croisées sont : le *bouvet à feuillures*, le *bouvet à rainure*, le *bouvet à languette de fer*, le *bouvet à noix*, le *bouvet à approfondir*, le *bouvet à jets d'eau* et le *bouvet à gueule de loup.* On s'en sert aussi pour d'autres usages. Le *bouvet à remprêver* sert à réunir une partie faible avec une partie forte (1).

On doit avoir tous ces divers bouvets par douzaine. On y adapte tous les outils nésessaires au travail que l'on veut faire. Aussi, la perte du temps que l'on mettrait à les monter, les démonter, éloigner ou rapprocher l'outil dont on veut se servir, engage-t-elle à en avoir plusieurs. Ajoutez à cela qu'un bouvet qui servirait à tous les usages serait bientôt usé ou cassé. Les menuisiers des grandes villes ont toujours leurs bouvets ajustés et en état d'un bout à l'autre de l'année, et, par ce moyen, ils gagnent beaucoup de temps.

Voici le moyen de faire les bouvets de deux pièces;

(1) En terme de menuiserie, on appelle une partie forte *table saillante.*

leur façon varie peu, quoique leur construction soi bien différente ; ils doivent être en cormier bien dur bien sec et bien de fil. On commence par débiter u morceau de bois de 40 centimètres de longueur, et après l'avoir corroyé, on le coupe par le milieu, afi d'en faire les deux tiges CC. On en prépare ensuit un autre, ayant la même longueur, 8 centimètres d large et 27 millimètres d'épaisseur, qu'on coupe auss par le milieu afin d'en faire le conduit A et l'outil qu'on veut adapter sur le bouvet. Ceci fait, on trac les entailles DD, qui doivent être faites sur le guid ou conduit A, exactement comme aux trusquins, afi d'y coulisser les tiges CC ; puis, on fait une mortais EE de chaque côté de l'entaille pour recevoir une cl de serrage FF également semblable à celle des trus quins. Ces entailles doivent être à 4 centimètres de bouts de l'outil. Puis on fait un élégissement G a conduit, de manière à laisser un ravancement H dar le bas, qui forme feuillure à l'outil qu'on y adapt Enfin, au-dessous de ce guide, on pousse une gorge au milieu de son épaisseur, de 12 à 15 millimètre de large, et on arrondit les joues JJ qui restent d chaque côté, ce qui donne une place plus facile pou mettre les doigts quand on pousse l'outil.

Voici maintenant le moyen de fixer les outils a conduit : on achète chez un quincaillier des petite vis dans le genre de celles dont on se sert pour les lits, seulement plus courtes. On perce un trou K dans le bout des tiges, de manière à ce que cette vis L s'y loge aisément de toute sa longueur ; puis on entaille l'écrou de la vis M dans la tige bien juste avec le trou. On emmanche la tige dans le conduit et on présente l'outil de manière à percer les trous de la vis bien en face. Les trous percés, on met à leur place des rondelles N N et on les visse jusqu'au fond. Il est bon de faire à l'outil une entaille O de 3 à 4 millimètres, pour que la tige y entre, ce qui fait un point d'appui. Quand la vis est entrée et vissée, on trace tout autour des tiges la place de l'entaille, puis on retire la vis pour creuser l'entaille. Il ne reste plus alors qu'à remonter les vis, à serrer les clefs et à essayer l'outil.

Le trou P représente la lumière de l'outil adapté au bouvet.

On peut ainsi monter toutes sortes d'outils sur le même bouvet, mais, pour toutes les raisons que j'ai déjà données, il est utile d'en avoir plusieurs.

Je termine en disant qu'on construit de même ceux de petites comme de grandes dimensions.

CHAPITRE VIII.

Outils propres à faire les moulures. Leurs noms et leur fabrication.

Tous ces outils se font de même ; leur coupe ne diffère que par la forme de l'outil, qui suit le dessin donné par l'architecte. On se sert beaucoup pour les moulures, des *doucines* simples de différentes formes et largeurs, telles que : la *doucine à baguettes plates*, la *doucine à relief*, le *rond entre deux carrés*, le *boudin à baguettes*, etc. Ces outils servent particulièrement aux portes, aux lambris, aux chambranles et aux encadrements de moulures.

Le genre de moulures nommées *corniches* varie beaucoup selon la forme. On se sert quelquefois de [illegible] à 8 sortes d'outils pour les faire ; cela dépend de l'ordre d'architecture adopté (1). Les corniches sont tantôt pleines, tantôt volantes. Les corniches pleines sont poussées dans une pièce de bois d'équerre, qui

(1) Voir pour les différents ordres d'architecture, le *Manuel complet du Menuisier*, 2 vol., fig., 7 fr., et celui de l'*Architecte*, 2 vol., fig., 7 fr., faisant partie de l'*Encyclopédie-Roret*.

remplit l'angle dans lequel on les pose ; les cornich volantes, au contraire, sont prises dans une partie plat et, par conséquent, laissent un vide derrière, ent la corniche et le mur.

Voici les noms des divers outils qui servent à orn les croisées :

Les bois étant corroyés et établis, on pousse sur l châssis à verre le *tarabiscot*, espèce de petit bouv faisant une rainure qui sert d'ornement à la moulur Cette moulure a ordinairement la forme d'un *pe tome* (1) dont la partie carrée est enlevée par un ou nommé *enlève-carré*. Ces deux derniers outils ne poussent que quand les tenons et les mortaises so faits. Il existe en outre le *bouvet à feuillures à verr* dont le nom indique l'emploi; le *bouvet à approfondi* qui sert aux feuillures des jets d'eau, aux pièces d'a pui et aux traverses dormantes ; le *bouvet à noix* et *congé* qu'on pousse sur les montants dormants et s les battants de ferrure des châssis à verre ; le *bouv à gueule de loup*, dont le nom indique l'emploi, et a quel on met une poignée comme au bouvet à joind les parquets, parce que, même à deux, il est diffici

(1) On nomme *pestome* un outil de moulure qui se pousse sur champ des bois de châssis, des croisées, portes vitrées et châssis ; i la forme d'un quart de rond méplat. On en a de deux sortes : un po les bois de 27 millimètres et un pour ceux de 35 millimètres.

le pousser. On fait de même pour *l'outil à jets* *eau,* qui a la forme d'une grosse doucine à relief, et i est également difficile à pousser. Le *régingot* se usse en dessous des jets d'eau pour empêcher l'eau séjourner et le bois de se pourrir.

Il y a encore les *rabots ronds* de diverses grosseurs, puis 5 jusqu'à 60 millimètres par gradation de 5 5, qui servent à faire les gorges ; le *rabot à dents,* i sert pour le collage ; les *rabots cintrés,* qui, d'après ır emploi, ont plus ou moins de cintre ; les *mou-* *ttes à joues,* de différentes largeurs, et les *mouchettes* *nples,* qui sont sans joues, avec lesquelles on fait parties arrondies.

On fabrique les divers outils employés aux croisées, la même manière que j'ai indiquée pour faire les ıvets. On commence par préparer un morceau de s de 23 à 25 centimètres de long et 7 à 8 centimè- ıs de large. L'épaisseur doit toujours être calculée ec la largeur du fer à laquelle on ajoute 1 centi- tre pour la joue qui sert de guide et 4 millimètres ır la joue qui sert de point d'arrêt. La coupe peut d'onglet, ce qui rend l'outil moins dur à pousser. mme elle est sujette à faire déchirer le bois quand le travaille à rebours, on pare à cet inconvénient mettant son doigt dans la lumière, ce qui retient copeau et empêche le bois de se déchirer. On doit aussi mettre dans le haut une bande qui maintient fer et le coin et qui donne de la force à l'outil.

Cette opération est la même pour tous ces outil on fixe les poignées à ceux qui en ont besoin moyen de vis.

Les différentes sortes de rabots indiqués ci-dessu et les mouchettes, se font comme le rabot qui f partie de l'affûtage. La coupe du rabot à dent d être très-droite, presque d'équerre, parce qu'il besoin que de gratter; celle des autres est un p moindre que l'onglet.

CHAPITRE IX.

Outils emmanchés et autres.

Tous ces outils s'achètent chez le quincaillier. J'indique ici les principaux, à savoir : le *ciseau* (fig. 84 et 85), la *gouge* (fig. 86 et 87), le *bec-d'âne* (fig. 88 et 89), la *râpe*, les *vrilles*, la *mèche à cuillière*, la *mèche anglaise*, la *mèche à vis*, le *vilebrequin*, le *tourne-à-gauche*, qui sert à donner de la voie aux *scies*, les *chasse-pointes*, les *tourne-vis*, les *tenailles*, le *pince-bec*, le *corbin*, le *compas*, le *mètre*, le *tire-point*, qui sert à affûter les scies, le *racloir*, l'*affiloir*, qui sert à donner le fil au racloir, le *marteau* (fig. 90), etc.

On doit avoir des ciseaux et des gouges par douzaine (c'est ce qu'on nomme une série) ; ils varient de largeur et de prix ; il y en a en acier ordinaire et en acier fondu ; ces derniers sont plus chers et de meilleure qualité. On a assez de six becs-d'âne, pourvu qu'on en varie la grosseur.

Pour bien emmancher les outils, il faut opérer ainsi : on prend un morceau de bois un peu ronceux, de 12 centimètres de longueur, la grosseur varie suivant l'outil qu'on y met. On perce un trou dans le milieu à une extrémité, afin d'entrer de force l'outil dans le manche. Quand il est emmanché, on donne au manche une tournure un peu conique, et, pour s'assurer s'il n'y a pas plus de largeur à un endroit qu'à un autre, on le présente en le travaillant sur une partie droite ; ce qui prouve qu'il est emmanché bien droit. On pratique la même opération pour tous.

Les *scies* sont des outils composés de plusieurs pièces dont voici les noms : (fig. 92) A, sommier ; B, B, bras ; C, corde ; D, clef ; E, lame ; F, F, tourillons. Il y a différentes espèces de scies, voici celles dont l'emploi est le plus général dans les ateliers.

La *scie à débiter* sert à couper en travers les bois qu'on veut travailler.

La *scie à tenons* (fig. 91) sert particulièrement à abattre les tenons sous le valet et sous la presse de l'établi, ainsi qu'à équarrir les parties pleines, telles que portes, soubassements et grands panneaux.

La *scie allemande* ou *à refendre* (fig. 92) sert à refendre les bois en long ; on s'en sert pour les battants, les pieds, les petits bois et pour d'autres usages.

La *scie à chantourner* (fig. 92) sert à scier les parties cintrées ou cylindriques. On l'emploie presque dans tous les corps d'état, tels que les menuisiers, les ébénistes, les tourneurs en sièges, les modeleurs, les tonneliers, les layetiers, les vanniers, les charpentiers et les charrons.

La *scie à araser* (fig. 93) est une petite scie qui sert à araser les joues des tenons et les épaulements, ainsi qu'à couper proprement toute sorte de petite menuiserie.

La *scie égoïne* ou *passe-partout*, qu'on appelle aussi *scie à main* (fig. 94), sert à faire des ouvertures dans l'intérieur des parties pleines, et à scier dans des endroits où les autres scies ne pourraient pas passer. Il y en a de plus ou moins longues ou plus ou moins larges, leur proportion varie suivant le besoin du travail.

Ces sortes d'outils s'achètent tout montés chez le quincaillier ; on n'a plus qu'à les affûter.

Le *compas*, dont se servent presque tous les corps d'état, est indispensable aux menuisiers. Cet outil est en fer ; il s'achète chez le quincaillier. Quand on le choisit, on doit faire marcher les deux branches pour s'assurer si elles ne serrent pas trop dans leur tête et si elle ne *ressautent* pas, c'est-à-dire si l'une ou l'autre ne fait pas un soubresaut quand on les ouvre ou quand on les ferme. Il est presque inutile de dire que le compas sert à tracer, à prendre des mesures et à faire des divisions égales en distance. On doit en avoir au moins deux : un petit et un grand. Il est aussi fort utile de leur faire mettre des pointes en acier.

Les *limes* et les *râpes* s'achètent chez le quincaillier

avec ou sans le manche. Un menuisier doit au moins avoir dans son outillage une lime plate, une lime demi-ronde bâtarde et une bonne râpe à bois. On s'en sert dans beaucoup de circonstances.

Les *serre-joints* ou *sergents* sont des outils qui servent à serrer toute espèce de menuiserie qu'on veut cheviller ou coller. On doit en avoir de plusieurs longueurs. Les petits, qui fatiguent le moins, sont en bois léger, et les plus grands en bois plus fort et ont une tête et une vis en fer.

Les *presses à coller* et les *servantes* servent à tenir les planches qu'on dresse à la presse de l'établi à la hauteur qu'on veut.

Ces quatre derniers outils s'achètent tout faits chez des fabricants spéciaux. On trouve aussi chez eux des petits étaux en bois de différentes espèces et qui sont aussi fort utiles.

La *boîte à graisse* (fig. 95 et 96) se fait dans un morceau de bois quelconque, pourvu qu'il soit dur. On le creuse et on y met un couvercle maintenu par une vis placée à un des angles.

EXPLICATION

ET

RENVOI DES FIGURES AU TEXTE.

Fig. 1. Cheville.

1 *a* et 1 *b*. Coupes en bout (de la fig. 1).

2. Morceau de bois carré.

2 *a*. Vue de bout.

3. Morceau de bois carré long ou rectangle.

3 *a*. Coupe.

3 *b*. Vue d'épaisseur.

4. Morceau de bois carré, octogone et cylindrique.

5. Devant de cheminée.

5 *a*. Vue de côté.

5 *b*. Vue de dessous.

6. Assemblage à rainure et à languettes.

6 *a*. Vue de bout.

Fig. 7. Assemblage à rainures et à languettes avec clefs dans les joints.

7 *a*. Vue de bout.

8. Assemblage carré, vue de dessus de la mortaise.

8 *a*. Vue de face du morceau et du tenon.

9. Assemblage à moitié bois et à feuillure.

9 *a*. Vue de face.

10. Assemblage à moitié bois et d'onglet.

10 *a*. Vue de face.

11. Assemblage d'onglet à tenon et mortaise vue de face.

11 *a*. Vue de côté.

12. Assemblage ordinaire à tenon et mortaise vue de face.

12 *a*. Vue de côté.

13. Assemblage à tenon bâtard, vue de face.

13 *a*. Vue de côté.

13 *b*. Vue de coupe.

14. Assemblage à tenon et mortaise avec flottage, vue de face.

14 *a*. Vue de côté, coupe du flottage.

15. Assemblage à enfourchement, vue de face

15 *a*. Vue de coupe.

16. Assemblage à double enfourchement, vu de face.

Fig. 16 *a*. Vue de coupe.
17. Assemblage à queues d'aronde ordinaires, vue de face.
17 *a*. Vue de dessus.
18. Assemblage à queues d'aronde recouvertes, vue de face.
18 *a*. Vue de dessus.
19. Assemblage à queues perdues, vue de face.
19 *a*. Vue de dessus.
20. Assemblage à fausse coupe, à tenon et mortaise, vue de face.
20 *a*. Vue de côté.
20 *b*. Vue de bout du battant.
20 *c*. Vue de bout de la traverse.
21. Assemblage à biseau ou à sifflet, vue de face.
21 *a*. Vue de coupe.
22. Assemblage à trait de Jupiter, vue de face.
22 *a*. Vue de coupe.
22 *b*. Figure de construction.
23. Porte pleine avec emboîtures, dite à l'Anglaise.
23 *a*. Vue de côté.
24. Porte pleine avec emboîtures, à tenons et mortaises.
24 *a*. Vue de côté.

Fig. 25. Porte pleine avec emboîtures, à tenons et mortaises, clefs dans les joints et jets d'eau.

25*a*. Vue de côté.

26. Porte pleine avec emboîtures, à tenons et mortaises et barres à queue.

26*a*. Vue de côté.

27. Porte vitrée à glace et à vantaux.

28. Vue de coupe des figures 27 et 29.

29. Porte vitrée à croisillons et à vantaux.

30. Vue de côté des figures 27 et 29.

31. Croisée à glace.

32. Vue de coupe des figures 31 et 35.

33. Vue de coupe de la pièce d'appui des figures 31 et 35.

34. Vue de côté des figures 31 et 35.

35. Croisée à petit bois.

36. Persiennes simples.

37. Vue de dessus des figures 36, 42, 43 et 45.

38. Vue de côté des figures 36 et 43.

39. Calibre des lames de persiennes, vue de face.

39*a*. Vue de côté.

40. Entaille servant à corroyer les lames de persiennes.

40*a*. Vue de côté.

Fig. 40 *b*. Vue de bout.
41. Lame arasée, servant de guide pour araser les autres lames.
41 *a*. Vue de coupe.
42. Volet-persienne ordinaire.
43. Persienne cintrée sur l'élévation.
44. Vue de côté des figures 42 et 45.
45. Volet-persienne plein-cintre.
46. Chambranle.
46 *a*. Vue de côté.
46 *b* et 46 *c*. Coupe des montants du chambranle avec leurs socs.
47. Pose des corniches sur les plafonds.
47 *a*. Vue du mur et du plafond.

DEUXIÈME PARTIE.

Fig. 48. Etabli, vue de devant.
49. — vue de dessus.
50. — vue de bout.
51. Maillet, vue de face
52. — vue de dessus.
53. Grande varlope, vue de face.
54. — vue de dessus.
55. Demi-varlope, vue de face.
56. — vue de dessus.

Fig. 57. Rabot, vue de face.
58. — vue de dessus.
59. Guillaume, vue de face.
60. — vue de dessus.
61. Equerre à corroyer, vue de face.
62. Equerre-triangle, vue de face.
63. — vue de dessus.
64. Equerre onglet, vue de face.
65. — vue de dessus.
66. Fausse-équerre, vue de face.
67. — vue de dessus.
68. Equerre à dessin, vue de face.
69. — vue d'épaisseur.
70. Té, vue de face.
71. — vue de dessus.
72. Té à lame mobile, vue de dessus.
73. Pistolet, vue de face.
74. Trusquin à pointe d'un bout et à assemblage de l'autre.
75. Vue de dessus de la figure 74.
76. Bouvet simple, vue de face.
77. — vue du bout faisant la languette.
78. Bouvet simple, vue du bout faisant la rainure.
79. Bouvet double, vue de face.

Fig. 80. Bouvet double, vue de bout.
81. Bouvet de deux pièces, vue de face.
82. — — vue de dessus.
83. — — vue de bout.
84. Ciseau, vue de face.
85. — vue de côté.
86. Gouge, vue de face.
87. — vue de côté.
88. Bec-d'âne, vue de face.
89. — vue de côté.
90. Marteau, vue de face.
91. Scie à débiter et à faire les tenons.
92. Scie allemande, pour refendre et chantourner.
93. Scie à araser.
94. Scie égoïne ou à main.
95. Boîte à graisse, vue de dessus.
96. — vue de coupe.

FIN.

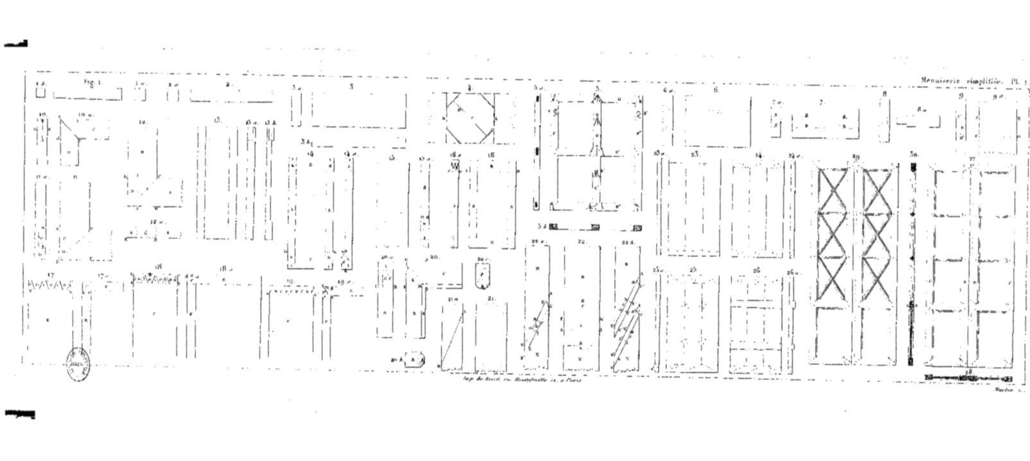

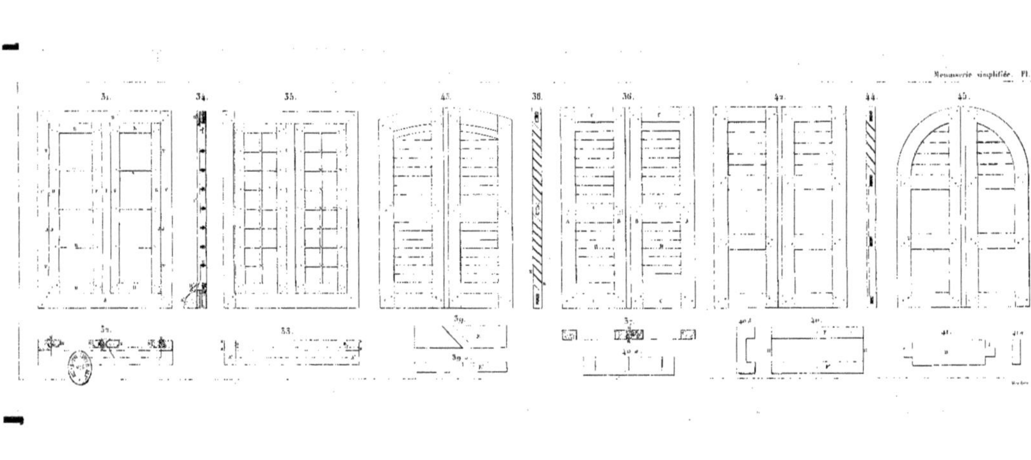
31.
34.
35.
43.
38.
36.
42.
44.
45.
32.
33.
39.
37.
40.
41.

Menuiserie simplifiée. Pl. 3.

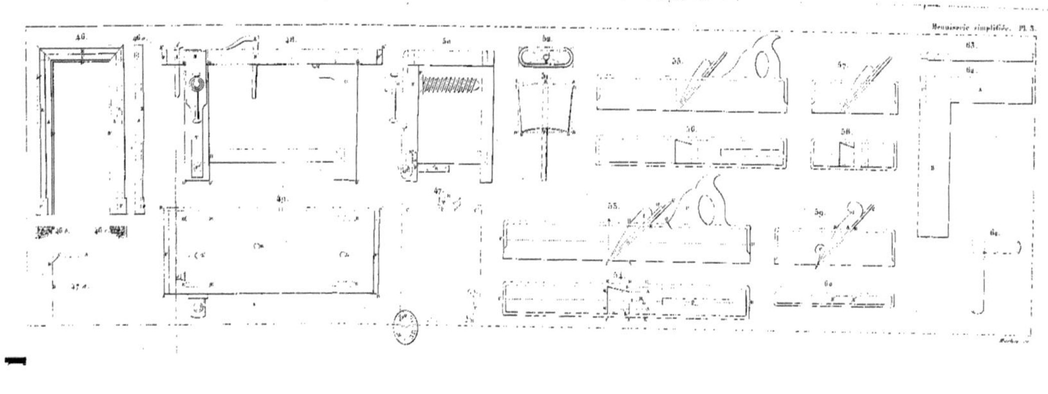

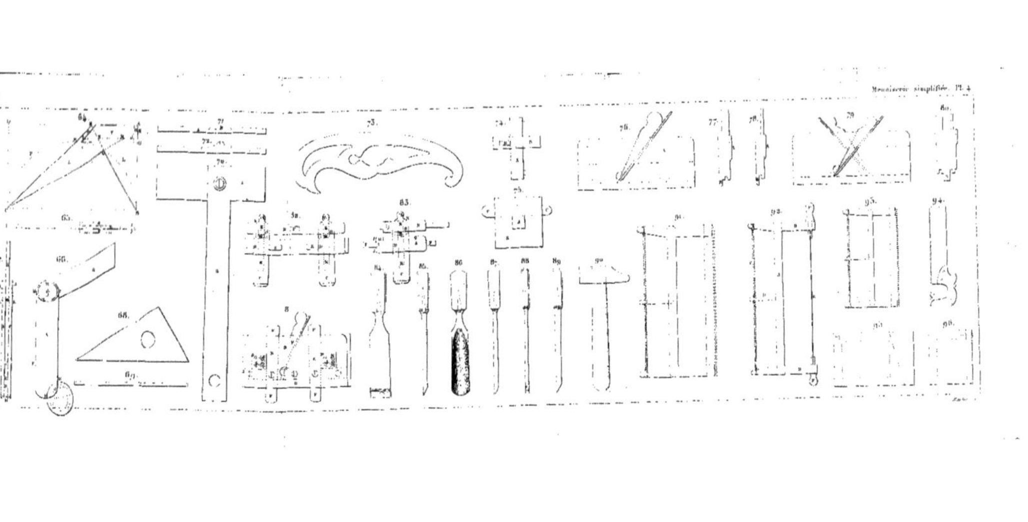
64.
65.
66.
68.
69.
70.
71.
72.
73.
74.
75.
76.
77.
78.
79.
80.
82.
83.
84.
85.
86.
87.
88.
89.
90.
91.
92.
93.
94.

TABLE DES MATIÈRES.

Pages.

Préface. 5

Plan de l'ouvrage. 7

Préliminaires. 9

PREMIÈRE PARTIE.

TRAVAUX DE MENUISERIE.

Chapitre I. Manière de faire les chevilles et de les employer. 13

— II. Manière de travailler le bois. 15

— III. Manière de faire un devant de cheminée et de repérer le bois. 19

— IV. Des mortaises. 22

— V. Des tenons, et moyen de les araser. . . 25

— VI. Des différents assemblages de la menuiserie et de l'ébénisterie. 27

§ 1. Assemblage à rainure et à languette. 27

§ 2. — à clefs. 27

§ 3. — carré. 28

§ 4. Assemblage à moitié bois ou à feuillure. 28
§ 5. — à moitié bois, d'équerre et d'onglet. . . . 29
§ 6. — d'onglet. 30
§ 7. — ordinaire à tenon et mortaise. 32
§ 8. — à tenon bâtard. . . . 33
§ 9. — à tenon et mortaise avec épaulement et flottage 34
§ 10. — à enfourchement. . . 36
§ 11. — à double enfourchement 37
§ 12. — à queues d'aronde. . . 38
§ 13. — à fausse coupe. . . . 42
§ 14. — à sifflet ou à biseau. . 43
§ 15. — à trait de Jupiter. . . 44
Chapitre VII. Portes à l'anglaise. 47
— VIII. — pleines avec emboîtures à tenons et mortaises. 49
— IX. — vitrées. 51
§ 1. Portes vitrées avec moulures autour du panneau. 51
§ 2. Portes à glace et à double parement 53
§ 3. — à croisillons. 54
— X. Croisées à glaces et à petits bois avec moulures. 55
§ 1. Châssis dormant. 57
§ 2. — à verre. 58

CHAPITRE XI. Persiennes ordinaires. 61
— XII. Portes et volets persiennes. 65
§ 1. Portes persiennes. 65
§ 2. Persiennes brisées. 65
§ 3. Volets persiennes. 65
§ 4. Persiennes cintrées. 66
— XIII. Menuiserie d'appartement. 67
§ 1. Chambranles de portes. . . . 68
§ 2. Ajustement des corniches à fausse coupe sur les plafonds. . . . 69
§ 3. Pose des plinthes. 70
§ 4. — des stylobates. 72
§ 5. — des cymaises.. 72
§ 6. — des baguettes d'angle. . . 73
§ 7. Ajustement des sièges de cabinets d'aisances à fausse coupe. . . 76
Observations. 77

DEUXIÈME PARTIE.

OUTILLAGE. — FABRICATION DES OUTILS.

CHAPITRE I. L'établi. 79
— II. Le valet de l'établi. 87
— III. Le maillet. 89
— IV. L'affûtage. 91
— V. Les équerres et les instruments de tracé. 99
— VI. Les trusquins. 107

CHAPITRE VII. Les bouvets. 109
§ 1. Bouvets simples. 109
§ 2. — doubles. 111
§ 3. — de deux pièces.. . . . 113
— VIII. Des outils à moulures. 117
— IX. Outils emmanchés et autres. 121
Renvoi des figures au texte. 125
Table des matières. 133

FIN DE LA TABLE DES MATIÈRES.

BAR-SUR-SEINE. — IMP. DE SAILLARD.

www.ingramcontent.com/pod-product-compliance
Ingram Content Group UK Ltd.
Pitfield, Milton Keynes, MK11 3LW, UK
UKHW020315250726
13967UKWH00004B/1741